信息技术
（基础篇）

总主编　陈向阳
主　编　陈向阳　连　晗
副主编　徐　敏　冯　筠
参　编　仇栋才　曹　瑛　李文娟

北京理工大学出版社
BEIJING INSTITUTE OF TECHNOLOGY PRESS

内容提要

本教材依据《高等职业教育专科信息技术课程标准（2021年版）》的要求编写。全书共有6个模块，分别对文档处理、电子表格处理、演示文稿制作、信息检索、新一代信息技术、信息素养与社会责任进行了系统的讲解，以一个人物角色贯穿整本教材，以该角色解决不同工作场景中遇到的不同问题作为教学案例，使学生掌握常用的信息化办公技术，理解信息社会特征并遵循信息社会规范，提升学生对岗位能力的基础认识。

本教材既可作为高等职业院校在校学生的信息技术必修教材，又可作为将要从事信息技术相关工作的技术人员用以掌握常用的信息化办公技术的参考教材。

版权专有 侵权必究

图书在版编目（CIP）数据

信息技术．基础篇 / 陈向阳，连晗主编 . -- 北京：北京理工大学出版社，2021.8
ISBN 978-7-5682-9965-7

Ⅰ．①信… Ⅱ．①陈… ②连… Ⅲ．①电子计算机 - 高等职业教育 - 教材 Ⅳ．①TP3

中国版本图书馆 CIP 数据核字（2021）第 125929 号

出版发行 /	北京理工大学出版社有限责任公司
社　　址 /	北京市海淀区中关村南大街5号
邮　　编 /	100081
电　　话 /	（010）68914775（总编室）
	（010）82562903（教材售后服务热线）
	（010）68944723（其他图书服务热线）
网　　址 /	http://www.bitpress.com.cn
经　　销 /	全国各地新华书店
印　　刷 /	定州市新华印刷有限公司
开　　本 /	787毫米×1092毫米　1/16
印　　张 /	14
字　　数 /	334千字
版　　次 /	2021年8月第1版　2021年8月第1次印刷
定　　价 /	45.00元

责任编辑 /	钟　博
文案编辑 /	钟　博
责任校对 /	周瑞红
责任印制 /	施胜娟

图书出现印装质量问题，请拨打售后服务热线，本社负责调换

前言

随着社会经济与科技的高速发展，社会形态发生了巨大的转变，进入了一个高科技信息时代，信息技术作为七大战略性新兴产业之一，被重点推进。当前，信息技术已成为支持经济社会转型发展的主要驱动力，是建设创新型国家、制造强国、网络强国、数字中国、智慧社会的基础支撑。提升国民信息素养，增强个体在信息社会的适应力与创造力，对个人的生活、学习和工作，对社会和谐与国家现代化发展具有重大的意义。

信息技术涵盖了信息的获取、表示、传输、存储、加工、应用等各种技术。在此背景下，高等职业教育信息技术课程的任务是全面贯彻党的教育方针，落实立德树人根本任务，满足国家信息化发展战略对高技能人才培养的要求，围绕高等职业学校各专业对信息技术学科核心素养的培养需求，吸纳信息技术领域的前沿技术，通过项目式任务化的教学，使学生信息技术学科核心素养和应用能力得到全面提升。本套信息技术教材紧扣高等职业教育专科信息技术课程标准，立足高职院校学生的特征，以培养人的基础信息素养和新时代岗位通用能力为出发点，精选案例，设计教材内容与教学任务，组织教材内容体系架构。教材具有以下鲜明的特色：以科技自信选择教学案例，树立学生爱国之心；以活页式组织教材内容，扩大教材适用度；以易学易练设计教材结构，激发学生学习主动性；以信息技术各类应用场景开发教学案例，增强学生知识理解和提升学生岗位意识；以泛在学习建设教学资源，助力教学改革。

本套教材分为《信息技术（基础篇）》《信息技术（拓展篇）·上册》《信息技术（拓展篇）·下册》三册，其中，《信息技术（基础篇）》包含文档处理、电子表格处理、演示文稿制作、信息检索、新一代信息技术、信息素养与社会责任六个模块，内容从整体性考虑，以一个人物角色贯穿整本教材，以该角色解决不同工作场景中遇到的不同问题作为教学案例，让学生提前了解工作中应该掌握的通用能力，提升学生对岗位能力的基础认识。

前　言

　　《信息技术（拓展篇）·上册》和《信息技术（拓展篇）·下册》包含信息安全、项目管理、机器人流程自动化、程序设计基础、大数据、人工智能、云计算、现代通信技术、物联网、数字媒体、虚拟现实、区块链等十二个模块，教材从新一代信息技术的特性考虑，引导学生分析认识案例涉及的关键技术，解决案例中的问题，从而掌握所学知识，增强学生对新一代信息技术的理解。

　　本套教材以单个项目为单位组织教学，同时细分为多个任务，以活页的形式将任务贯穿起来，强调在知识的理解与掌握基础上的实践和应用，在教材编写过程中，强调结构化、形式化、模块化、灵活性、重组性及趣味性。适用于以学生为中心的教学模式，支持学生课内外自主、随机、个性化学习，教材的行文编写更注重和学习者之间的深层次互动，整个结构充分体现"做中学"。

　　建议基础篇教学时数为48至72学时，拓展篇教学时数为32至80学时，各地区可根据地方资源、学习特色、专业需要和学生实际情况，选择书中的内容组织教学。本书还配套PPT、每章节知识视频、相关题库等作为辅助，特别适合作为专业通识类教材使用。

　　本套教材由陈向阳研究员担任总主编，制订教材编写指导思想和理念，确定教材整体框架，并对教材内容编写进行指导和统稿。《信息技术（基础篇）》由陈向阳研究员任第一主编，连晗教授任第二主编，徐敏、冯筠任副主编。《信息技术（拓展篇）·上册》由张荣胜研究员任第一主编，李小明教授任第二主编，苏建良、周学龙、冯明卿任副主编。《信息技术（拓展篇）·下册》由张鹏宇教授任第一主编，李朝鹏任第二主编，曾姝琦、倪玥、刘占伟任副主编。参与编写工作的教师主要来自南京高等职业技术学校、甘肃建筑职业技术学院、内蒙古电子信息职业技术学院、郑州信息科技职业学院、河北机电职业技术学院等高职院校及南京中兴信雅达信息科技有限公司。全体人员在编写过程中付出了很多心血，在此表示衷心的感谢。

　　尽管编者在写作过程中力求准确、完善，但书中难免存在不妥之处，恳请各界专家和读者朋友批评指正！

本书编委会

目录

模块 1 编辑文档点点通

项目 1.1 WPS 文字新手必备 ………………………… 2
- 任务 1.1.1 认识 WPS 文字 ………………………… 3
- 任务 1.1.2 WPS 文字的基本操作 ………………………… 4
- 任务 1.1.3 文档的格式转换与加密发布 ………………… 6

项目 1.2 打动人心的精美文档 ……………………… 9
- 任务 1.2.1 文档格式的设置 ………………………… 10
- 任务 1.2.2 对象的插入与编辑 ……………………… 13
- 任务 1.2.3 表格的创建与使用 ……………………… 15

项目 1.3 文档处理也要智能化 ……………………… 19
- 任务 1.3.1 使用模板及样式 ………………………… 20
- 任务 1.3.2 设置分节符、分页符与分栏符 …………… 23
- 任务 1.3.3 插入页眉、页脚和页码 ………………… 25
- 任务 1.3.4 创建目录 ………………………………… 27
- 任务 1.3.5 打印文档 ………………………………… 29

项目 1.4 实现效率翻倍的多人协作 ………………… 32
- 任务 1.4.1 拆分合并文档 …………………………… 33
- 任务 1.4.2 设置共享文档 …………………………… 34
- 任务 1.4.3 多人协同编辑文档 ……………………… 36

目录

模块 2　玩转数据好帮手

项目 2.1　WPS 表格新手必备 …… 40
- 任务 2.1.1　认识工作簿 …… 41
- 任务 2.1.2　工作簿的基本操作 …… 42
- 任务 2.1.3　输入和编辑数据 …… 46

项目 2.2　公式函数显威风 …… 54
- 任务 2.2.1　认识公式 …… 55
- 任务 2.2.2　认识单元格引用 …… 56
- 任务 2.2.3　认识函数 …… 57

项目 2.3　图表之美数据开口 …… 65
- 任务 2.3.1　使用简单图表 …… 66
- 任务 2.3.2　使用高级图表 …… 69

项目 2.4　数据分析职场必备 …… 74
- 任务 2.4.1　数据排序 …… 75
- 任务 2.4.2　数据筛选 …… 77
- 任务 2.4.3　分类汇总 …… 80
- 任务 2.4.4　数据透视表 …… 82

模块 3　装扮演示文稿炫风采

项目 3.1　演示文稿初见面 …… 88
- 任务 3.1.1　认识演示文稿 …… 88
- 任务 3.1.2　演示文稿基本操作 …… 90

项目 3.2　素材成稿得心应手 …… 93
- 任务 3.2.1　幻灯片的基本操作 …… 94
- 任务 3.2.2　编辑幻灯片母版 …… 96
- 任务 3.2.3　插入和编辑文本、图片 …… 98
- 任务 3.2.4　插入和编辑音、视频 …… 106

项目 3.3　演示播放行云流水 ··· 109
任务 3.3.1　创建幻灯片动画效果 ·································· 110
任务 3.3.2　设置幻灯片切换效果 ·································· 111
任务 3.3.3　设置幻灯片放映方式 ·································· 112
任务 3.3.4　演示文稿的发布、打印与打包 ·················· 114

项目 3.4　演示亮相锦上添花 ··· 116
任务 3.4.1　运用 WPS 演示文稿模板 ·························· 117
任务 3.4.2　WPS 智能美化 ·· 119

模块 4　信息检索畅游网络

项目 4.1　搜索引擎来帮忙 ··· 124
任务 4.1.1　认识搜索引擎 ··· 125
任务 4.1.2　使用垂直搜索引擎 ····································· 128

项目 4.2　高效搜索有方法 ··· 133
任务 4.2.1　合理确定搜索关键词 ································· 134
任务 4.2.2　使用布尔逻辑搜索 ····································· 136
任务 4.2.3　使用搜索指令搜索 ····································· 139
任务 4.2.4　使用高级搜索页面搜索 ····························· 145

项目 4.3　权威数据来说话 ··· 151
任务 4.3.1　学术文献检索 ··· 152
任务 4.3.2　数据与事实检索 ··· 160

项目 4.4　信息甄别最重要 ··· 168
任务 4.4.1　多维度甄别信息的准确性 ························· 169

模块 5　新一代信息技术综述

项目 5.1　走进新一代信息技术 ····································· 174
任务 5.1.1　认识信息技术 ··· 175

任务 5.1.2　日新月异的信息技术 …………………………… 177

项目 5.2　新一代信息技术大有作为…………………………… 180

任务 5.2.1　新一代信息技术核心技术 ………………………… 181

任务 5.2.2　身边的新一代信息技术 …………………………… 184

任务 5.2.3　新一代信息技术未来的发展趋势 ………… 185

模块 6　做生活的便利者与职业的约束者

项目 6.1　信息技术发展的故事…………………………… 190

任务 6.1.1　信息素养的含义 ……………………………… 191

任务 6.1.2　信息技术的发展脉络 ……………………… 192

任务 6.1.3　信息技术对行业的影响 …………………… 197

项目 6.2　行业内个人的职业发展…………………………… 201

任务 6.2.1　个人职业发展途径 ………………………… 202

任务 6.2.2　个人职业发展方法 ………………………… 204

项目 6.3　个人素养与行业行为自律…………………………… 208

任务 6.3.1　识别虚假信息 ……………………………… 209

任务 6.3.2　坚守健康的生活情趣 ……………………… 211

任务 6.3.3　培养良好的职业态度 ……………………… 212

任务 6.3.4　秉承端正的职业操守 ……………………… 213

任务 6.3.5　维护核心的商业利益 ……………………… 214

任务 6.3.6　规避行业的不良记录 ……………………… 214

模块 1
编辑文档点点通

WPS Office 是由金山办公软件股份有限公司自主研发的一款办公软件套装，可以实现办公软件最常用的文字、表格、演示等多种功能。WPS Office 具有内存占用低、运行速度快、强大插件平台支持、免费提供海量在线存储空间及文档模板、支持阅读和输出 PDF 文件、全面兼容微软 Microsoft Office 格式等独特优势，覆盖 Windows、Linux、Android、iOS 等多个平台。

本模块使用 WPS Office 2019 版本，该版本将文字处理、电子表格、演示文稿等组合在一起，WPS 文字是其中一个文字处理系统，其强大而简便的文章编辑与排版功能，结合海量资源模板，能够让用户非常方便地输出美观的文档。目前 WPS 文字与互联网无缝衔接，融入更多协同软件功能。

项目 1.1

WPS文字新手必备

情景再现

小王初入职场，在某公司销售部做一名助理，领导经常让他帮助做些文字编辑、产品调查、工作汇报整理等文字性工作，为此小王迫切需要掌握办公软件 WPS 文字的基本使用方法。

项目描述

小王作为新手，进行了 WPS 文字的基础知识学习，包括启动 WPS 文字、认识 WPS 文字窗口界面，在此基础上，他还学习了 WPS 文字的基本操作（打开、复制、保存以及自动保存、分享、保护与检查文档）。最后，小王还练习了文档的格式转换与加密发布。通过此项目，我们将跟着小王一起踏入常用办公软件 WPS 文字的大门，为接下来的操作奠定良好的基础。

项目目标

（1）熟悉 WPS 文字的窗口界面。
（2）会在 WPS 文字中熟练地进行打开、新建、复制与保存操作。
（3）会在 WPS 文字中熟练地进行自动保存、联机、保护与检查操作。
（4）能完成对文档的格式转换与加密发布。

知识地图

项目 1.1 知识地图如图 1-1 所示。

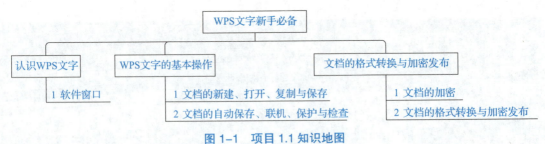

图 1-1　项目 1.1 知识地图

任务 1.1.1　认识 WPS 文字

WPS 文字
界面简介

任务描述
学习如何使用 WPS 文字前，必须先熟悉 WPS 文字的窗口界面。

任务目标
熟悉 WPS 文字的窗口界面。

知识准备

1. WPS Office

WPS Office 是由金山软件股份有限公司自主研发的一款办公室软件套装，可以实现办公软件最常用的文字、表格、演示、PDF 阅读等多种功能，这款软件套装的 3 个功能软件——WPS 文字、WPS 表格、WPS 演示，与国外通用软件的 Word、Excel、PowerPoint 一一对应，在功能完备性上也不输于国外通用软件，并在互联网应用上具有突出的特点。

2. WPS 文字

WPS 文字是 WPS Office 重要模块之一，是一款功能十分强大的文字处理软件，可以用来完成文字的输入、编辑、排版和打印等任务，随着功能的不断强大，它越来越符合国人的使用习惯，在文档编辑软件中变得越来越常用。

任务实施

第一步： 浏览快捷访问工具栏所包含的一些常用命令，如"新建""保存""撤销"等。单击快捷访问工具栏右侧的下拉按钮，可以在弹出的列表中添加其他常用命令。

第二步： 浏览功能区所包含的常用命令，如"开始""插入""设计""布局"等，以及进行 WPS 文字编辑时需要用到的其他命令。

第三步： 浏览"文件"按钮所包含的内容。单击"文件"按钮，可看到其中包含"信息""保存""另存为""打印""共享"等常用命令。

第四步： 了解并熟悉状态栏，状态栏用于显示 WPS 文字当前的状态，如当前文档页数、总字数、字数、语言等内容。

任务总结

在了解并熟悉 WPS 文字窗口界面的组成时，要注意辨别不同模块中的内容，不要混淆。同时也可以自己实践，了解快捷访问工具栏、功能区、"文件"按钮等包含的更多功能与命令，和微软 Office 办公软件 Word 进行比较，这样可以更深入地认识 WPS 文字。

任务 1.1.2　WPS 文字的基本操作

任务描述

经过学习，小王已经充分了解并掌握了 WPS 文字窗口界面的组成，接下来他将进一步学习 WPS 文字的基本操作，包括文档的新建、打开、复制与保存、自动保存、联机、保护与检查。这样小王就可以简单编写一篇 WPS 文字文档了。

任务目标

（1）会在 WPS 文字中熟练地进行新建、打开、复制与保存操作。
（2）会在 WPS 文字中熟练地进行自动保存、联机、保护与检查操作。

知识准备

（1）文档的新建、打开、复制与保存。
（2）文档的自动保存、联机、保护与检查。

任务实施

第一步： 打开 WPS 文字软件。

单击电脑屏幕左下角的"开始"按钮，在弹出的菜单中找到 WPS Office 2019。

第二步： 新建 WPS 文字文档。

（1）单击 WPS 文字界面上的"新建"标签，在弹出界面的第一行选择"文字"标签。
（2）单击"新建空白文档"区域，即可新建一个文本文档。

该新建操作对三大组件（WPS 文字、WPS 表格、WPS 演示）均生效。

第三步： 保存 WPS 文字文档。

（1）选择 WPS 文字界面上的"文件"选项，再选择其下拉菜单中的"保存"命令（快捷键：Ctrl+S）或单击快速访问工具栏上的保存按钮。
（2）在打开的对话框中，选择保存位置为"桌面"，编辑文件名为"任务 2"，然后单击"保存"按钮，即可保存该文档。
（3）观察文档的后缀名（".docx"），系统默认保存的文件格式为 docx 格式。

该保存操作对三大组件（WPS 文字、WPS 表格、WPS 演示）均生效。

第四步： 复制 WPS 文字文档。

（1）在电脑桌面选中文档，然后单击鼠标右键，选择"复制"命令（快捷键：Ctrl+C）。
（2）在空白处继续单击鼠标右键，选择"粘贴"命令（快捷键：Ctrl+V），完成 WPS 文字文档的复制。

该复制操作对三大组件（WPS 文字、WPS 表格、WPS 演示）均生效。

第五步： 自动备份 WPS 文字文档。

（1）选择 WPS 文字界面上的"文件"选项，再选择其下拉菜单中的"备份与恢复"子菜单，选择"备份中心"选项，如图 1-2 所示。

（2）在弹出的对话框中单击"设置"按钮，选择"定时备份，时间间隔□小时□分钟（小于12小时）"选项，更改间隔时间，完成WPS文字的自动备份，如图1-3所示。

该备份操作对三大组件（WPS文字、WPS表格、WPS演示）均生效。

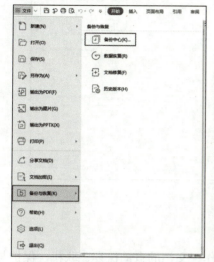

图1-2 "备份与恢复"子菜单

图1-3 备份中心

第六步：WPS文字文档的联机。

（1）选择WPS文字界面上的"文件"选项，再选择其下拉菜单中的"分享文档"子菜单。

（2）在弹出的对话框中选择"任何人可编辑"选项，最后单击"创建并分享"按钮，如图1-4所示。

（3）WPS文字档的共享功能与用途等具体内容可参考任务1.4.2。

第七步：检查WPS文字文档。

选择WPS文字界面上的"审阅"→"拼写检查"与"文档校对"选项，就可完成文档的检查，如图1-5所示。

图1-4 分享文档

图1-5 检查文档

第八步：保护WPS文字文档。

（1）选择WPS文字界面上的"审阅"→"限制编辑"选项，在弹出的"限制编辑"的窗口中将"设置文档的保护方式"选项设置为"只读"，最后单击"启动保护"按钮。

（2）在弹出的"启动保护"对话框中设置密码并确认密码，完成文档的保护，如图1-6所示。

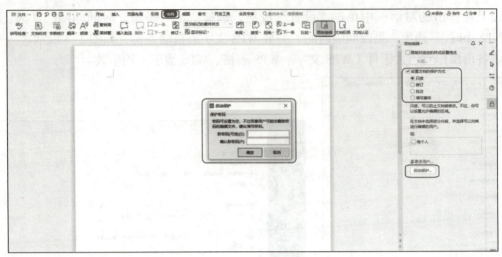

图 1-6　保护文档

📋 任务总结

WPS 文字中文档的打开、复制与保存是最基础的操作，文档的自动保存、联机、保护与检查是 WPS 文字的进一步操作，需要同学们更加认真仔细地完成，并适当地记住一些常用快捷键的使用方法，例如保存文档（Ctrl+S）、新建文档（Ctrl+N）、复制文档（Ctrl+C）等，它们可以帮助我们更加高效、快捷地使用 WPS 文字。

任务 1.1.3　文档的格式转换与加密发布

📋 任务描述

在本任务中，熟悉 WPS 文字的另外一些基础操作，包括文档的格式转换与加密发布。

🎯 任务目标

（1）能完成文档的加密。
（2）能将文档转换成 PDF 格式并加密发布。

📚 知识准备

1. 文档加密发布

WPS 文字 2019 提供了文档加密的功能。为了保护资料被恶意篡改，可以给自己的文档设置文档权限和密码，如果对文档设置密码，一定要妥善保管密码，否则一旦遗忘密码，文档就无法恢复。

2. PDF 格式

Adobe 公司研发的 PDF 即 Portable Document Format（便携文件格式）的缩写，它是全世界电子版文档分发的公开实用标准。应用任何应用程序和平台创建的文档，都可以对其字体、格式、颜色和图形进行保存，所以称之为通用文件格式。PDF 格式文件可以通过 WPS

Office 2019、Photoshop、Microsoft Office 等软件打开。

任务实施

文档加密分为打开密码和编辑密码，打开密码具有将加密过的文档打开的功能，而编辑密码则具有编辑文档的功能。

第一步： 在 WPS 文字中对文档加密。

选择"文件"→"文档加密"→"密码加密"选项，在弹出的"密码加密"窗口中设置并输入密码，最后单击"应用"按钮，完成文档加密，如图 1-7、图 1-8 所示。

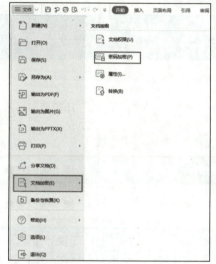
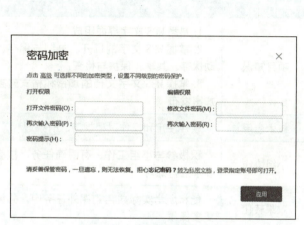

图 1-7　"密码加密"选项　　　　　　图 1-8　"密码加密"窗口

第二步： 将文档转换为 PDF 格式并加密发布。

选择"文件"→"输出为 PDF"命令，在弹出的窗口中单击"高级设置"按钮，再在弹出的窗口中勾选"权限设置"选项，设置并输入密码，单击"确定"按钮，最后单击"开始输出"按钮，如图 1-9 所示。

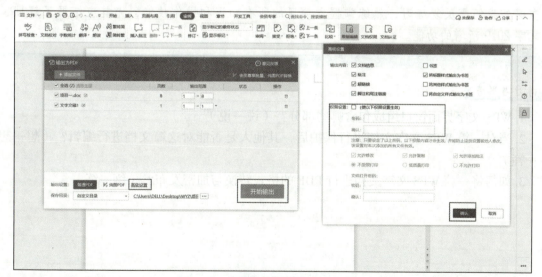

图 1-9　文档的格式转换和加密发布

任务总结

本任务中需注意：一篇 WPS 文字文档的格式转换以及密码加密，会提高文档的安全性与隐私性。PDF 格式使文档阅读的舒适性大大提升，在后期打印文件时，也可保障打印质量。因此不仅要掌握文档加密和文档格式转换操作，也要熟练掌握文档加密发布操作。

项目评价

项目 1.1 评价（标准）表见表 1-1。

表 1-1 项目 1.1 评价（标准）表

项目	学习内容	评价（是否掌握）	评价依据
项目知识	1. 熟悉 WPS 文字界面组成； 2. 掌握 WPS 文字的打开、复制与保存、自动保存、共享、保护与检查； 3. 掌握 WPS 文字文档的加密和格式转换、加密发布		小组预习展示
技术应用	软件使用和操作过程规范、有条理		课上练习观察
小组协作	积极参与小组工作，有明确任务，按教师要求进行练习		课上练习观察
效果转化	能将所学实际应用到课外任务中，并拓展更多操作		课外作业，一对一随机测试

项目小结

通过本项目，我们跟随小王学习了 WPS 文字新手必备的一些基础知识和及操作技能，为接下来学习文档格式的设置、表格图片的编辑和美化等操作奠定了十分重要的基础。在课外我们需反复练习，熟练掌握本项目的所有知识和操作技能，尤其应拓展了解 WPS 文字 2019 新增的功能。

练习与思考

1. WPS 文字界面窗口组成包含哪些部分？（说一说）

2. 当对一篇 WPS 文字文档进行保护后，其他人是否能对这篇文档进行编辑？（想一想，答一答）

3. 如何将一篇 WPS 文字文档进行 PDF 的格式转换与加密发布？（练一练）

项目 1.2 打动人心的精美文档

情景再现

公司新研制了一款高性价比吹风机，为了开拓市场，在国外品牌众多的吹风机市场闯出一片天地，公司让销售部小王为产品做一份市场调查，根据调研结果结合产品特性制作一份精美的产品说明来增强用户体验感，并在后期通过销售统计来看是否达到了公司预期效果。

项目描述

小王对 WPS 文字已经有了初步了解，但是他想让自己制作的文档更加精致。为此他首先从文档格式设置开始学习，包括文本格式、段落格式与页面格式设置。艺术字与图片的插入和设置使文档更加生动而有趣，表格的插入与编辑使文档简洁而清晰。

项目目标

（1）能够熟练运用 WPS 文字的文档格式设置功能。
（2）能够熟练掌握 WPS 文字中艺术字与图片的插入与编辑操作。
（3）能够熟练掌握 WPS 文字中表格的插入与编辑操作。

知识地图

项目 1.2 知识地图如图 1-10 所示。

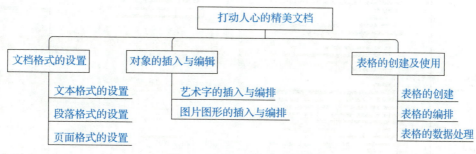

图 1-10　项目 1.2 知识地图

任务 1.2.1　文档格式的设置

任务描述

通过调研小王已经准备好了充足的数据，初步编写好了《吹风机的产品调查报告》，为了使调查报告更加清晰美观，他需要对文档进行调整。首先需要完成以字体、字号及颜色和文字的查找与替换等为主要内容的文档格式的设置，然后完成以缩进和间距为主要内容的段落格式的设置，最后完成以页边距与纸张类型为主要内容的页面格式的设置。只有完成这些设置，才能使一份 WPS 文字文档看起来规范而工整。

任务目标

（1）能完成 WPS 文字文档的文本格式设置。
（2）能完成 WPS 文字文档的段落格式设置。
（3）能完成 WPS 文字文档的页面格式设置。

知识准备

（1）当用户录入文本时，WPS 文字会按照系统的设置把英文拼写错误及中文语法错误用各种颜色的下画波浪线标记出来。

（2）利用"查找和替换"功能，不仅可以完成在文档中快速搜索和替换文字的操作，还可以查找和替换指定格式的文本和段落标记之类的特定选项，也可以搜索和替换单词的各种形式。

任务实施

任务 1.2.1 素材文档如图 1-11 所示。

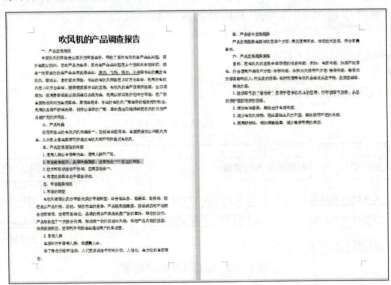

图 1-11　任务 1.2.1 素材文档

第一步：打开素材文档。

选中素材文档"吹风机的产品调查报告",双击打开或者单击鼠标右键选择"打开"命令。

第二步：设置 WPS 文字文档的文本格式。

(1)选中标题"吹风机的产品调查报告",选择"开始"选项卡,在"字体"组中,设置字体类型为"宋体",字号为"一号",单击"加粗"按钮,选中正文所有内容,设置字体类型为"宋体",字号为"小四",如图 1-12 中位置 1 所示。

(2)选中第一段中的数字"100",单击"倾斜"按钮。单击已经设置格式的数字,选择"开始"选项卡,单击"开始"选项中的"格式刷"按钮,用"格式刷"对文中所有数字进行格式复制。按此方法操作,更改一次内容后,格式刷便会消失。为了方便批量操作,可以选中格式源文字区域后,双击格式刷,此时格式刷被锁定,可以直接对文中所有数字进行格式更改。取消时只需单击格式刷,如图 1-12 中位置 2 所示。

(3)选中第一段中文字"康夫、飞科、海尔、小米",单击字体组中的"下划线"按钮,如图 1-12 所示。

(4)选中第三个小标题中第二条的所有文字,选择"开始"选项卡,单击"字体"组中的"字符底纹"按钮,如图 1-12 所示。

图 1-12　设置文本格式

(5)选中"解决方案"中第一条的所有文字,单击"开始"选项卡中右下角的"字体"对话框按钮,打开"字体"对话框,选择"着重号",最后单击"确定"按钮,如图 1-13 所示。

(6)选择"开始"选项卡,单击"查找替换"下拉按钮,选择"替换"选项,弹出"查找和替换"对话框。在"查找内容"组合框中填写所需查找内容"变化",在"替换为"组合框中填写"转变",最后单击"全部替换"按钮,如图 1-12 中位置 5、图 1-14 所示。

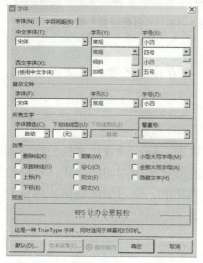

图 1-13　"字体"对话框

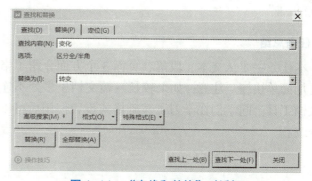

图 1-14　"查找和替换"对话框

第三步： 设置 WPS 文字文档的段落格式。

选中全部文档，选择"开始"选项卡，单击"段落"对话框按钮。打开"段落"对话框，在"段落"对话框中，设置"缩进"区域"特殊格式"为"首行缩进"，设置"度量值"为"2 字符"，设置"间距"区域"行距"为"1.5 倍行距"，然后单击"确定"按钮，如图1-15 所示。

第四步： 设置 WPS 文字文档的页面格式。

选择"页面布局"选项卡，单击"页面设置"对话框按钮。打开"页面设置"对话框，选择合适的页边距：设置上、下页边距为"2 厘米"，设置左、右页边距为"3 厘米"，设置纸张方向为"纵向"，设置纸张大小为"A4"，最后单击"确定"，如图 1-16 所示。

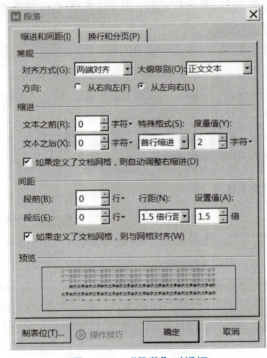

图 1-15 "段落"对话框

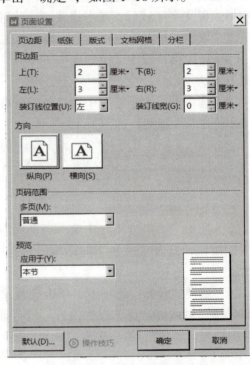

图 1-16 "页面设置"对话框

第五步： 保存 WPS 文字文档。

完成上述操作后，选择"文件"→"另存为"命令，保存位置不变，将文档重命名为"调查报告"。

任务总结

本任务主要从文本、段落、页面 3 个方面介绍了格式设置，格式设置让文档的撰写和修改更加简单快捷。注意：如果较长一篇文档里多处不连续段落要使用相同的格式，可以使用格式刷工具。同学们在学习了基础格式设置使用后可以适当拓展，学习如何把格式固定并不被修改。

项目 1.2　打动人心的精美文档

任务 1.2.2　对象的插入与编辑

对象插入与编辑

任务描述

小王在市场调研后准备开始着手制作产品使用说明。根据说明书简洁易懂、图文并茂的特点，他需要学习对象的插入与编辑。他需要首先学习 WPS 文字中艺术字的插入以及艺术字的填充、轮廓与效果的设置，其次学习图片的插入以及环绕文字的方式，最后学习图形的插入与美化，为编辑产品使用说明做好准备。

任务目标

（1）能够完成艺术字的插入与设置。
（2）能够完成图片的插入与设置。
（3）能够完成图形的插入与设置。

知识准备

（1）在 WPS 文字中，可以从"本地图片"中插入剪贴画或图片，也可以从其他程序或位置插入图片。
（2）在 WPS 文字中，插入的图片和文本框都有两种形式：嵌入型与文字环绕。在默认情况下，图片以嵌入式插入文档，对嵌入型图片可以像对文本一样进行格式处理；文本框是以浮动式插入文档的。改变图片和文本框的环绕方式可以创建各种图文混排效果，文字环绕图片和文本框可以有多种环绕方式。
（3）艺术字可以带来意想不到的效果，比如为报纸或时事通信制作主要的通栏大字标题，制作上下颠倒、偏向一侧，甚至反向的文本等。

任务实施

任务 1.2.2 素材文档如图 1-17 所示。

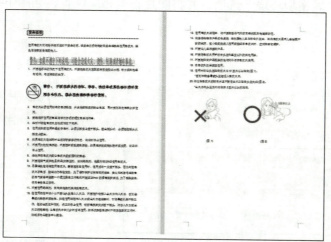

图 1-17　任务 1.2.2 素材文档完成效果

第一步： 打开素材文档。

选中素材文档《吹风机安全说明》，双击打开或者单击鼠标右键选择"打开"命令。

第二步： 插入与设置艺术字。

（1）参照图1-17将光标固定在特定行前面，单击"插入"选项卡中的"艺术字"按钮，选择"艺术字"的样式为"填充：黑色，文本色1；阴影"，如图1-18所示。在光标所在位置出现"请在此放置您的文字"，直接输入"警告：如果不遵守下列说明，可能会造成火灾、烫伤、短路或者触电事故"，并选中输入文本单击"开始"→"下划线"按钮添加下划线。

（2）选中刚才输入的艺术字文本，进入"文本工具"选项卡，单击"文本效果"→"阴影"→"左上角对角透视"按钮，并选择"文本效果"→"转换"→"正方形"选项如图1-19所示。

图1-18 "艺术字"选项

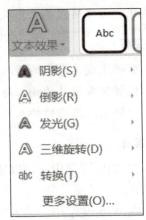

图1-19 "文本效果"下拉列表

第三步： 插入与设置图片、图形。

（1）将光标定位插入第二个"警告"之前，选择"插入"→"图片"命令，选择"来自文件"选项，在弹出的窗口中浏览所需图片的位置，选择素材中相应图片标志并单击"插入"按钮，如图1-20所示。

（2）单击图片，进入"图片工具"选项卡，设置图片高度为2厘米，宽度为2厘米。

（3）单击图片，再单击"页面布局"选项卡，选择"文字环绕"选项，弹出下拉菜单，在下拉菜单中选择"紧密型环绕"选项，并将图片移至相应位置，如图1-21所示。

图1-20 插入图片

图1-21 文字环绕

（4）选择"插入"选项卡，在"插图"组中选择"形状"选项，在"矩形"类别中选择相应矩形，在页面空白处绘制出来，单击矩形边框选择 ，选择无填充色，最后单击 选择边框颜色为黑色，线型为 2.25 磅，如图 1-22 所示。

（5）选择"插入"→"文本框"选项，在下拉菜单中选择"横向"选项，在之前所画的矩形上画出"文本框"。单击选中文本框，在功能区出现"绘图工具"选项卡，选择"轮廓"→"无边框颜色"选项并输入文字"安全说明"，设置字体为"宋体"，字号为"12.5"，如图 1-23、图 1-24 所示。

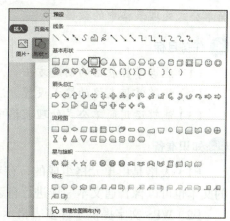

图 1-22　插入图形

图 1-23　插入文本框

图 1-24　设置文本框效果

第四步：保存 WPS 文字文档。

完成上述操作后，选择"文件"→"另存为"命令，保存位置不变，重命名为"说明"。

任务总结

本任务主要介绍了图片、图形、图像的插入与编辑，在操作时要注意在调整图片、艺术字、自选图形的大小时，除了可以利用鼠标直接调节对象的尺寸控制点以外，还可以通过工具栏中的"绘图工具"选项卡以及"图片工具"选项卡来调整高度、宽度等。同学们课后还可以练习利用文本框制作浮动式文本并插入。

任务 1.2.3　表格的创建与使用

任务描述

经过一个阶段的市场投入，公司决定对推出的新款吹风机销量进行统计，看看今年三个季度的销售量怎么样。小王想把数据用表格呈现。为了把销售统计表做好，小王先要掌握好 WPS 文字中表格的创建与设置格式的方法，其次要学会如何填充表格内容，最后要学会运用简单公式处理表格中的数据。

任务目标

（1）能够掌握表格的创建方法。
（2）能够掌握表格的格式设置方法。
（3）能够运用简单公式处理表格中的数据。

知识准备

（1）表格是由单元格组成的，在单元格内既可以输入文字，也可以插入图形。单元格中的文本也可以像普通文本一样进行自动换行。

（2）WPS 文字提供了许多表格示例，在"插入"选项卡中单击"表格"按钮，在打开的下拉菜单中按满足需求的表格。

（3）对表格进行编辑操作时，首先要选定操作对象，然后对其执行操作。用户可以创建各种形式的表格，对表格进行修饰，对表格中的数据进行运算，还可以将表格和文本互相转换。

（4）在制作复杂表格时，用户可以自行绘制所需要的表格。只需在"插入"选项卡中单击"表格"按钮，在打开的下拉菜单中选择"绘制表格"命令，鼠标就会变成画笔，即可像在白纸上绘画一样画出所需的表格。

（5）当删除表格的边框线以后，在屏幕上能够看到虚线的边框，但在实际打印输出结果中并没有表格的边框线。

任务实施

任务 1.2.3 素材文档如图 1-25 所示。

电吹风前三季度销售统计表

型号	销售量（单位：台）			合计
	一季度	二季度	三季度	
DCF-1	2430	3006	2689	8125
DCF-2	2536	2788	3209	8533
DCF-3	3013	2591	2648	8252

图 1-25　任务 1.2.3 素材文档

第一步：新建 WPS 文字文档。
单击 WPS 文字界面上"我的 WPS"标签旁的"+"标签，选择新建空白文档。

第二步：创建与格式化表格。
（1）在新建文档中输入"电吹风前三季度销售统计表"，并设置为"宋体""四号""黑色""加粗"，单击居中对齐按钮。

（2）选择"插入"选项卡，单击"表格"按钮，在插入表格示例中拖动鼠标直至出现"5 行 *5 行表格"，单击即可插入，如图 1-26 所示。选中表格，进入"表格工具"选项卡，选择表格属性，设置行指定高度为 1 厘米，指定宽度为 3 厘米，如图 1-27 所示。如果需要删除多余的表格边框，可以单击"擦除"按钮，此时光标变为橡皮擦状，按住鼠标左键框选需要删除的表格边框即可,也可以单击"删除"按钮,在弹出的下拉菜单中选择所需删除单元格种类即可。

(3)选中需要合并的单元格,在功能区出现"表格工具"选项卡,选择"合并单元格"命令。选中整个表格,在"表格样式"选项卡中设置框线为"1.5 磅",边框为"外侧框线",如图 1-28 所示。

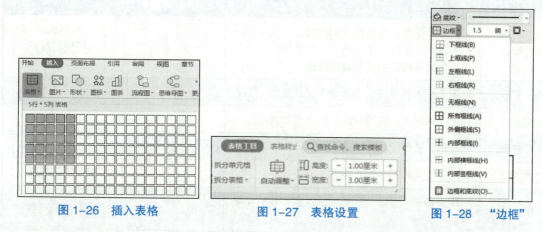

图 1-26 插入表格　　图 1-27 表格设置　　图 1-28 "边框"

(4)选定相应单元格,输入相应文字,在"表格工具"选项卡选择"对齐方式"→"水平居中"选项,如图 1-29 所示。

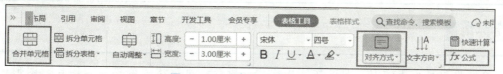

图 1-29 "表格工具"选项卡

第三步: 运用简单公式处理表格中的数据。

将光标定位到公式返回结果的目标单元格,在"表格工具"选项卡中单击"fx"公式按钮,在弹出的对话框中在"粘贴函数"下拉列表选择所需函数,单击"确定"按钮,如图 1-30 所示。

第四步: 保存 WPS 文字文档。

完成上述操作后,选择"文件"→"另存为"命令,保存位置不变,命名为"销售统计表"。

图 1-30 公式对话框

📖 任务总结

本任务主要介绍了 WPS 文字中表格的创建和使用,总的来说制作表格通常有 3 种途径:一是通过"插入"选项卡"表格"组的"表格"按钮,选择所需的行数和列数,随着鼠标的移动,所选的表格尺寸会发生变化;二是利用"插入表格"对话框;三是通过"绘制表格"命令来实现。一般在制作复杂表格时,可以直接运用"绘制表格"命令,绘制出满足用户需要的表格结构。

在表格中创建公式时,首先要将光标定位至公式返还结果的目标单元格中。用于表示参与公式计算的单元格区域参数除了 ABOVE、LEFT 等英文单词外,还有 RIGHT、BELOW 等英文单词,课后同学们可以拓展掌握。

项目评价

项目 1.2 评价（标准）表见表 1-2。

表 1-2 项目 1.2 评价（标准）表

项目	学习内容	评价（是否掌握）	评价依据
项目知识	文本、段落、页面格式的设置； 艺术字、图形、图片的插入与编辑； 表格的创建、编辑与数据处理		小组预习展示
图片质量	图片插入放置符合要求，美观、整洁		设计优化
图文版式	文字的输入、排版与图片配合相得益彰		图文混排
视觉感受	整洁、清楚		排版整体效果
技术应用	软件使用和设计过程规范、有条理		课上练习观察
小组协作	积极参与小组工作，有明确任务，按教师要求进行练习		课上练习观察
效果转化	能将所学实际应用到课外任务中，并拓展更多操作		课外作业，一对一随机测试

项目小结

通过此项目小王学习了 WPS 文字中文本、段落、页面格式的设置，图片、图形、艺术字的插入与编辑和表格的创建、编辑与数据处理。这些都是 WPS 文字中的基本操作，纵观日常所见的各种现代和古旧书籍中的文字，文字、图像出现在图书上的位置、形式实在是五花八门，样式繁多，希望学习本项目对同学们今后的文字整理工作有所帮助。

练习与思考

1. 如何利用功能区插入特殊符号？
2. 如何绘制三维图形？
3. 如何将两张图片组合在一起？
4. 如何拆分单元格？
5. 如何增加表格的行或列？
6. 如何实现表格的页面居中？

项目 1.3 文档处理也要智能化

情景再现

小王的学业生涯即将结束，论文答辩是毕业最后一道关卡，面对长达十几页的论文，如何让文档格式规范、页面整洁，符合审阅老师的要求，这让他一筹莫展。如果纯粹靠手工进行排版，这可是一项庞大的工程，为此小王需要学习一些长文档的智能处理方法。

项目描述

小王前期已经对 WPS 文字的基础知识进行了学习。面对长达十几页的论文编辑工作，他首先要从长文档格式开始学习，包括合理创建并运用文档样式和模板的方法、插入分节符、分页符和分栏符的方法；然后学习插入页眉、页脚和页码的方法以及生成和创建目录的方法；最后学习打印方法，以使成果成功展现出来，为顺利答辩做好准备。

项目目标

（1）能够掌握样式和模板的创建及修改方法。
（2）能够掌握插入分节符、分页符和分栏符的方法。
（3）能够掌握插入页眉、页脚和页码的方法。
（4）能够掌握生成和创建目录的方法。
（5）能够掌握打印文档的方法。

知识地图

项目 1.3 知识地图如图 1-31 所示。

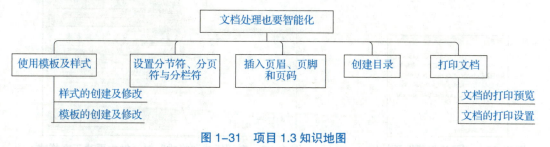

图 1-31 项目 1.3 知识地图

任务 1.3.1 使用模板及样式

任务描述

要想让长达十几页的论文页面整洁,首先要学会创建模板及样式,包括更改正文、标题格式等内容,以此减少重复操作,提高编辑效率。

任务目标

(1)能够掌握样式的创建及修改方法。
(2)能够掌握模板的创建及修改方法。

知识准备

(1)为了最大限度地利用 WPS 文字的新样式特性。初写文档时就需要养成良好的习惯,使用样式区分各种文本的级别和类型,如标题、正文和说明等。

(2)了解样式的概念和应用。样式就是系统或用户定义并保存的一系列排版格式,包括字体、段落的对齐方式、编号等。样式分为系统预定义的样式和用户自定义的样式,如果要运用系统自动生成目录,那么在文章中至少要应用多级标题样式。应用标题样式不仅能快速访问 WPS 文字强大的大纲和组织工具,而且还能实现文档中不同内容的自动化排版以及文档目录的精确创建。

(3)模板的创建及应用可以极大地方便用户对 WPS 文字特定文档的编写,如毕业论文、个人简历等。

任务实施

第一步:打开文档。

打开《基于 .NET 的网络考试系统的设计与实现》论文。

第二步:创建与修改标题和正文样式。

(1)单击"开始"选项卡中的"预设样式"下拉框,选择"显示更多样式"选项,打开"样式和格式"窗格,如图 1-32 所示。

(2)选择"样式和格式"对话框中的"正文"下拉列表中选择"修改"选项,打开"修改样式"对话框。在"修改样式"对话框中设置正文的格式为"宋体""小四",如图 1-33 所示。

图 1-32 "预设样式"下拉框

图 1-33 在"样式和格式"对话框中更改正文样式

（3）为了方便操作，可用鼠标选中论文所有正文部分，单击"样式"组中的"正文"按钮，将所有文字按照已修改的正文样式进行修改。

（4）在"样式和格式"对话框中的"正文"下拉列表中选择"修改"选项，打开"修改样式"对话框。在"修改样式"对话框中选择"格式"→"段落"选项，在打开的"段落"对话框中选择"缩进和间距"选项卡，设置"首行缩进"为"2字符"，"行距"为"1.5 部"，如图1-34所示。

（5）文档的主标题和副标题样式的创建及修改方法与正文样式的创建及修改方法一致。当修改主标题（如"第1章 绪论"）样式时，需选择"样式和格式"对话框中的"标题一"选项，并设置字体为"黑体""小三"。当修改副标题（如"1.1 选题背景和研究意义"）样式时，需选择"样式和格式"对话框中的"标题二"选项，并设置字体为"黑体""四号"。

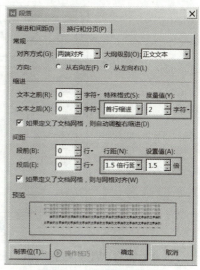

图1-34　设置段落格式

（6）保存文档。

将文档以"论文"为名，以".docx"为保存类型保存至目标文件夹。

第三步： 创建与修改模板。

（1）打开第二步中保存的"论文.docx"文档。

（2）把文档另存为名为"毕业论文"的文件，文件格式选择"模板文件.wpt"，如图1-35所示。此时"毕业论文.wpt"已经成为模板文件。

图1-35　创建模板文件

（3）在使用这个模板时候，可以选择"文件"→"新建"命令，在弹出的选项框中选择"本机上的模板"选项，然后在弹出的"模板"对话框中选择"毕业论文"选项并打开，如图1-36所示，删除封面上的文字"××年度专业硕士学位论文、学校代码：、学号："。

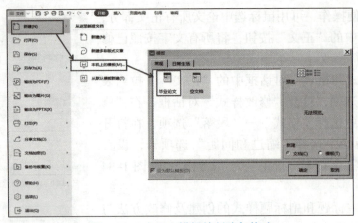

图 1-36　本机上模板的创建与修改

（4）保存 WPS 文字模板。

完成上述操作后，选择"文件"→"另存为"命令，保存位置不变，保存模板。

（5）除此之外还可以登录 WPS 的会员账号（说明：①WPS 的会员分为 3 种——WPS 会员、稻壳会员和超级会员，使用模板属于稻壳会员和超级会员的特权；②WPS 会员的部分功能涉及收费），选择"首页"→"新建"命令，在弹出的选项框中选择 WPS 文字模块，挑选并创建各种模板。WPS 推荐模板如图 1-37 所示。选择好模板后可以根据需求进行修改，因为模板大都已经有了样式、版面等设置，只需要单独改变内容文字，然后另存为"*.docx"文件即可。

图 1-37　WPS 推荐模板

任务总结

学习样式和模板的创建及使用方法时，同学们课后还可以拓展学习如何创建、修改和删除用户自定义的样式等，并与模板选用配合，以便更好地对日常学习及工作文档的格式进行规范化管理。

任务 1.3.2 设置分节符、分页符与分栏符

任务描述

小王在编辑论文时发现，合理插入分节符、分页符和分栏符能够减少错误，让长文档视图更加清晰整齐，方便后期批量打印。

任务目标

（1）能够掌握插入分节符的方法。
（2）能够掌握插入分页符的方法。
（3）能够掌握插入分栏符的方法。

知识准备

（1）节是文档的一部分，在插入分节符之前，WPS 文字将整篇文档视为一节。当需要改变行号、分栏数或页面页脚、页边距等特性时，需要创建新的节。使用分节符可以将文档分为不同的模块，方便对每个模块单独进行页面设置。

（2）不同分节符的作用见表 1-3。

（3）当文本或图形等内容填满一页时，WPS 文字会插入一个自动分页符并开始新的一页。如果要在某个特定位置强制分页，可手动插入分页符，这样可以确保章节标题从新的一页开始。

（4）对文档或某些段落进行分栏后，若希望某一内容出现在下栏的顶部，则可插入分栏符。

表 1-3 不同分节符的作用

分节符类型	作用
连续分节符	插入分节符后，文档设置的新节从同一页开始
下一页分节符	插入分节符后，文档设置的新节从下一页开始
奇数页分节符	插入分节符后，文档设置的新节从下一个奇数页开始
偶数页分节符	插入分节符后，文档设置的新节从下一个偶数页开始

任务实施

第一步：打开 WPS 文字文档。

选中任务 1 中制作完成的文档"论文"，双击打开或者选中文档后单击鼠标右键选择"打开"命令。

第二步：插入分节符。

将插入点定位到 1.2 节结尾末、1.3 节开头前。选择"插入"选项卡，在"分页"下拉框中选择"连续分节符"选项，完成分节符的插入，如图 1-38、图 1-39 所示。此时可单独对分节上面两个部分进行独立

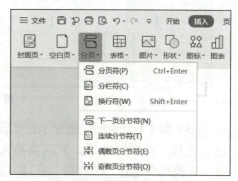

图 1-38 "分页"下拉菜单

修改而不改变其格式设置。

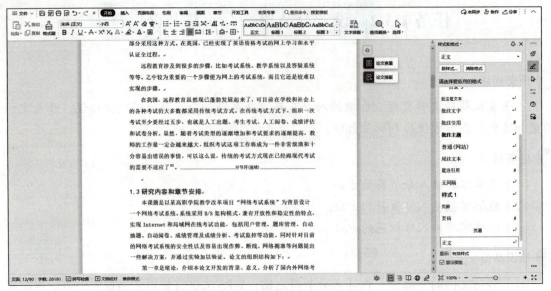

图 1-39　连续分节符插入效果

第三步：插入分页符、分栏符。

（1）插入分页符、分栏符的操作与插入分节符的操作一致，如图 1-38 所示。

（2）将插入点定位到"第 2 章　系统实现关键技术"开头处。选择"插入"选项卡，在"分页"下拉框中选择"分页符"选项，完成分页符的插入，如图 1-40 所示，第 2 章文字从新的页面开始。

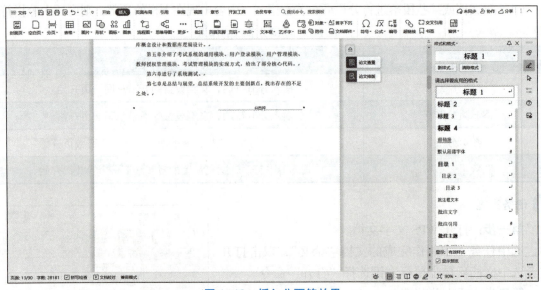

图 1-40　插入分页符效果

（3）以 1.1 节为例，选中 1.1 节第一、第二段。单击"页面布局"选项卡中的"分栏"按钮，选择"两栏"选项，然后将插入点定位到第一段结尾，选择"插入"选项卡，在"分页"下拉框中选择"分栏符"选项，完成分栏符的插入，如图 1-41 所示。

项目 1.3　文档处理也要智能化

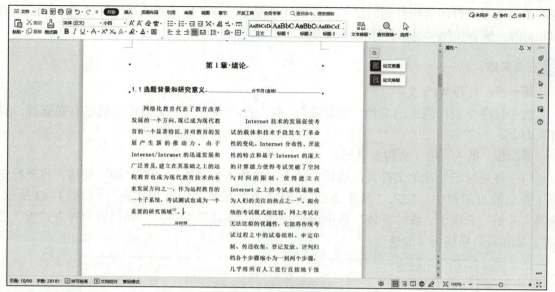

图 1-41　插入分栏符效果

第四步： 保存 WPS 文字文档。

完成上述操作后，选择"文件"→"另存为"命令，保存位置不变，重命名为"新论文"。

任务总结

本任务介绍了分节符、分页符和分栏符的使用方法，同学们要特别注意分节符和分页符的区别，文档分节后，可以单独设置页码、页面方向、页眉页脚等，就像将文档分成了两个独立的文档，分页符则不可以。

任务 1.3.3　插入页眉、页脚和页码

任务描述

小王的毕业论文的基本内容已经输入完成，为了方便论文整理装订，便于答辩老师翻阅，还需要对其进行页码编辑和页眉页脚的添加。

任务目标

（1）能够掌握插入页眉、页脚的方法。
（2）能够掌握设置页码的方法。

知识准备

在 WPS 文字中，页眉和页脚是文档中独立的层，通常位于文本区后面。按照常规，它们经常分别出现在页面的顶部或底部，但其实在页眉和页脚区，文字和图形可放置于页面的任何位置。在"页面视图"状态下，所有页眉和页脚层中的文字通常以灰色文字显示在顶部、底部或页面侧边。在"打印预览"状态下页眉和页脚则不再是灰色和孤立的，因为打印预览

视图是用来显示打印后所看到的结果。在默认情况下，在"阅读版式视图"状态下不显示页眉和页脚，除非使用"显示打印页"选项。

任务实施

第一步：打开 WPS 文字文档。

选中任务 2 制作完成的文档"新论文"，双击打开或者选中文档单击鼠标右键选择"打开"命令。

第二步：插入页眉、页脚及页码。

（1）将光标定位在论文首页，选择"插入"选项卡，单击"页眉页脚"按钮，将光标定位于弹出的页眉框中，输入"基于.NET 的网络考试系统的设计与实现"，如图 1-42 所示。选择"开始"选项卡，在"字体"组中设置字体为"宋体""五号"，并设置对齐方式为"居中"，添加页眉横线为"黑色"。

图 1-42　页眉框

（2）在封面与摘要后、论文首页前插入连续分节符，然后将光标定位到论文首页页眉处，取消选择"同前节"选项，删除封面和摘要上的页眉，确保封面和摘要页面没有页眉。

（3）将光标定位到"第 1 章　绪论"的页脚处，在弹出的"页眉页脚"选项卡中选择"页码"下拉框，然后单击窗口底部的"页码"按钮，进行页码格式设置，在弹出的"页码"对话框中选择"样式"为"1，2，3"，"位置"为"底端居中"，"运用范围"为"本页及之后"，单击"确定"按钮，最后单击"页眉页脚"窗口中的"关闭"按钮，即完成页眉、页脚和页码的设置，如图 1-43、图 1-44 所示。

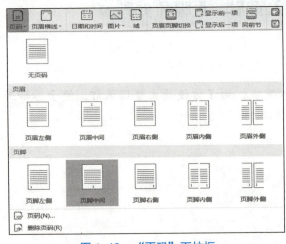

图 1-43　"页码"下拉框

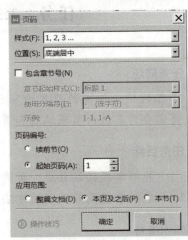

图 1-44　"页码"对话框

第四步：保存 WPS 文字文档。

完成上述操作后，选择"文件"→"另存为"命令，保存位置不变，重命名为"新论文（有页码）"。

任务总结

本任务主要介绍页眉、页脚的设置和页码的编辑。同学们要注意编辑页眉和页脚时，除了单击"插入"选项卡中的相应命令按钮外，还可以直接双击页眉或页脚区进入"页眉/页脚"编辑区，双击正文区域，便可退出"页眉/页脚"编辑区。

任务 1.3.4 创建目录

创建目录

任务描述

小王为了让论文便于翻阅，想给论文加上一个目录，但手动编辑实在工作量太大，还很难把格式调整齐。为此他需要学习插入目录的方法。

任务目标

能够掌握插入目录的方法。

知识准备

（1）目录是按一定次序开列出来以供查考的事物名目。

（2）一般受众可以从目录中了解作者思路、文章纲要。

（3）在 WPS 文字中使用标题样式创建目录时，将插入点置于期望目录出现的位置，在"引用"选项卡的"目录"组中单击"目录"按钮。WPS 文字提供了 2 个内置选项：3 种样式的智能目录和 1 种自动目录。智能目录和自动目录的区别在于自动目录是根据标题或大纲识别的，而智能目录在当未应用标题样式时能智能识别目录。

任务实施

任务 1.3.4 素材文档如图 1-45 所示。

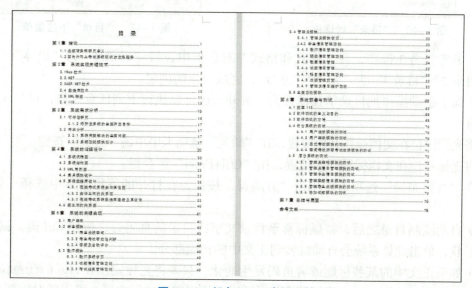

图 1-45　任务 1.3.4 素材文档

第一步：打开 WPS 文字文档。

选中任务 3 中制作完成的文档"新论文（有页码）"，双击打开或者选中文档单击鼠标右键选择"打开"命令。

第二步：设置标题格式。

将创建目录时自动生成的目录设置为"黑体""三号""居中"。

第三步：创建目录。

（1）将光标定位在"目录"下一行，选择"引用"选项卡，单击"目录"组中的"目录"按钮，在弹出的菜单中选择"自定义目录"命令，出现"目录"对话框，在"目录"对话框中选择"制表符前导符"为"……"，"显示级别"为"3"，勾选"显示页码""页码右对齐""使用超链接"复选框，最后单击"确定"按钮，如图 1-46、图 1-47 所示。

图 1-46 "目录"对话框

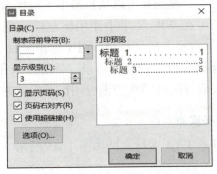

图 1-47 "目录"下拉菜单

（2）参考任务 1 操作，在"样式和格式"对话框中设置"目录 1"为"黑体""小四"，设置"目录 2""目录 3"为"宋体""五号"，完成目录的创建。

（3）除了手动操作把目录单独设置为一页外，还可以执行下列任意操作，将目录单独设置为一页：

①将光标定位在文档标题开始位置，在"插入"选项卡中单击"分页"按钮。

②将光标定位在文档标题开始位置，按"Ctrl+Enter"组合键。

③在"页面布局"选项卡中单击"分隔符"按钮，在打开的下拉菜单中选择"分页符"选项。

（4）自动编制目录之后，将鼠标移至目录文字或目录的页码处，按住 Ctrl 键，鼠标会变为小手形状，单击此处系统会自动跳转到正文中的相应部分。

（5）如果正文中的某些标题或者页码发生变化，只要将光标定位在目录的任意位置，执行下列任意操作，均可打开"更新目录"对话框。根据需要进行选择，可以随时更新目录。

①在"引用"选项卡的"目录"组中单击"更新目录"按钮。
②用鼠标右键单击目录中的任意位置,在弹出的快捷菜单中选择"更新域"命令。
③按 F9 键。

第五步:保存 WPS 文字文档。

完成上述操作后,选择"文件"→"另存为"命令,保存位置不变,重命名为"成品论文"。

任务总结

本任务主要介绍插入目录的方法,建议同学们动手尝试"引用"选项卡中"目录"下拉框中的所有命令,思考它们各自的特点和差异。

任务 1.3.5 打印文档

任务描述

小王在写完整篇论文后,最后需要上交一份纸质稿,这就涉及有关打印的操作。本任务介绍如何打印文档。

任务目标

(1)能够掌握打印预览的方法。
(2)能够掌握打印的方法。

知识准备

(1)确保打印机硬件设备正常并且为开启状态。
(2)确定所使用的电脑在局域网中能找到打印设备。
(3)单击"打印"按钮,弹出"打印"对话框,也可按组合键"Ctrl+P"。
(4)在一般情况下,当打印一篇文档时,还要进行打印预览,观察文档是否符合要求,然后进行打印操作。

任务实施

第一步:打开待打印文档。

选中任务 4 中制作完成的文档"成品论文",双击打开或者选中文档单击鼠标右键选择"打开"命令。

第二步:确认纸张大小、纸张方向、页边距等设置信息正确。

第三步:打印预览。

选择"文件"→"打印"→"打印预览"选项,并可以利用标尺等工具对所需视图进行修改调试,如图 1-48 所示。

图 1-48 打印预览

第四步：打印文档。

（1）选择"文件"→"打印"→"打印"选项或者按组合键"Ctrl + P"，弹出"打印"对话框，如图1-49所示。

（2）在"名称"下拉框中可以选择电脑所连接的打印机。在下方可查看此打印机的状态、类型、位置等。

（3）在右侧有属性、打印方式、纸张来源等信息，在此处可以勾选"反片打印""打印到文件""双面打印"复选框。"反片打印"是WPS Office提供的一种独特的打印输出方式，仅适用于文字处理文档打印，以"镜像"显示文档，可满足特殊排版印刷的需求。"反片打印"通常应用在印刷行业，例如学校将试卷反片打印在蜡纸上，再通过油印方式印刷处多份试卷。"打印到文件"

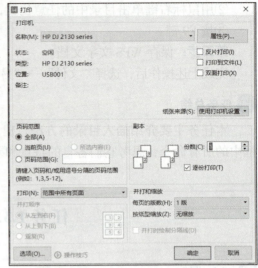

图1-49 "打印"对话框

主要应用于文件不需要纸质文档，以电脑文件形式保存的情况，具有一定的防篡改作用。确认打印机是否支持"双面打印"，选择"双面打印"选项可节约资源。

（4）"纸张来源"有"使用打印机设置""自动""多功能托盘"和"纸盒"等选项。一般采用"打印机设置"选项，由打印机自动分配纸盒，也可以自定义设置纸盒。

（5）在"页码范围"区域，可勾选"全部""当前页"和"页码范围"复选框。若打印全部文档，可勾选"全部"复选框，若打印文档当前页，可勾选"当前页"复选框。若想指定打印某几页，可以勾选"页码范围"复选框，并输入页码范围。

（6）在下方可以选择打印范围中奇数页或者偶数页，默认为"范围中所有页面"选项。在此处可以实现非自动双面打印和奇数页或偶数页打印。

（7）在"副本"区域可选择份数打印和逐份打印，在此处可以实现多份打印。若打印文档需要按份输出，可以勾选"逐份打印"复选框，保证文档输出的连续性。

（8）在"并打和缩放"区域中系统默认每页的版数是1，在此处可以根据需求进行修改。在左侧"并打顺序"区域可以对并打顺序进行调整。

（9）单击"确定"按钮打印。

任务总结

本任务介绍了打印的预览和设置，在打印之前，通常要进行页面布局设置。进行打印设置时除了利用"页面设置"对话框设置精确的页边距以外，还可以在页面视图或者打印预览视图下，用鼠标拖动标尺的两端来调节"上""下""左""右"页边距。同时，还要注意"应用范围"的选择，因为如果文档中插入了分节符，可以对不同的节进行不同的页面设置。课后同学们还可思考如何更改默认打印设置，打印背景色和图像。

项目评价

项目1.3评价（标准）表见表1-4。

项目 1.3　文档处理也要智能化

表 1-4　项目 1.3 评价（标准）表

项目	学习内容	评价 （是否掌握）	评价依据
项目知识	创建及修改模板和样式； 设置分栏符、分节符和分页符； 插入页眉、页脚、页码； 创建目录；打印		小组预习展示
视觉感受	文档排版干净整洁，目录规范		作品整体效果
技术应用	软件使用过程规范、有条理		课上练习观察
小组协作	积极参与小组工作，有明确任务，作品反复修改完善，最终按要求完成设计		课上练习观察
效果转化	能将所学应用到其他长文档设置，让读者轻松查阅所需页面及内容		课外作业， 一对一随机测试

项目小结

　　本项目主要以论文编辑着手，介绍了如何创建及修改模板和样式，设置分栏符、分节符和分页符；插入页眉、页脚、页码及创建目录，打印。通过灵活使用 WPS 文字中的各个按钮组件，可快速智能地排版长文档，让工作轻松省力。

练习与思考

1. 如何删除已有样式？
2. 如何为样式设置快捷键？
3. 分节符、分页符和分栏符三者有什么区别？
4. 如何设置更多级别的标题？
5. 如何更新目录中的页码？

项目 1.4

实现效率翻倍的多人协作

情景再现

小王接到任务,要在两天内为公司完成产品使用说明的制作,为了能够准时完成,他准备把制作任务拆分,让各部门人员共同协作,确保准时交稿。为此他需要赶快对WPS文字文档多人协作编辑进行快速学习。

项目描述

小王已经对 WPS 文字文档的基本操作进行了学习。目前他首先要学会文档的拆分合并和文档的分享、共享文件夹的创建,为成功实现文档多人协同编辑打好基础,通过练习文档的多人协同编辑,为今后实现现代化高速高效办公夯实基础。

项目目标

(1)能够掌握拆分合并文档的方法。
(2)能够掌握分享文档的方法。
(3)能够掌握共享文件夹的方法。
(4)能够掌握实现多人协同编辑文档的方法。

知识地图

项目 1.4 知识地图如图 1-50 所示。

图 1-50　项目 1.4 知识地图

项目 1.4　实现效率翻倍的多人协作

任务 1.4.1　拆分合并文档

任务描述

小王在实现多人协同编辑之前，首先要完成对拆分及合并 WPS 文字文档方法的学习，从而学会合理分工，科学汇总。

任务目标

能够掌握拆分合并文档的方法。

知识准备

WPS 文字文档的拆分合并就是将主文档快速拆分成多个子文档并且能使拆分出的多个子文档又重新合并成一个文档。文档的拆分合并大大提高了文档编辑的效率，使编辑文档的每个人各司其职，实现效率翻倍的多人协作。

任务实施

第一步：打开素材文档。

选中素材文档"电吹风说明书"，双击打开或者单击鼠标右键选择"打开"命令。

第二步：拆分文档。

（1）确定拆分内容。"电吹风说明书"由封面、安全说明、部件名称、如何使用电吹风、电吹风的维护和产品规格 6 个部分组成，因此需要将"电吹风说明书"拆分为 6 个子文档。

（2）选择"会员专享"选项卡，在"拆分合并"下拉框中选择"文档拆分"选项。在弹出的"文档拆分"对话框（图 1-51）中勾选"电吹风说明书"复选框，并单击"下一步"按钮，然后在"拆分方式"区域勾选"选择范围"复选框，输入"1, 2-3, 4, 5, 6, 7"，选择输出目录，最后单击"开始拆分"按钮，如图 1-52 所示。图 1-53 所示为文档拆分效果。

图 1-51　"文档拆分"对话框

图 1-52　设置拆分方式

名称	修改日期	类型	大小
电吹风说明书_1.doc	2021/3/14 17:19	DOC 文档	17 KB
电吹风说明书_2.doc	2021/3/14 17:19	DOC 文档	51 KB
电吹风说明书_3.doc	2021/3/14 17:19	DOC 文档	40 KB
电吹风说明书_4.doc	2021/3/14 17:19	DOC 文档	19 KB
电吹风说明书_5.doc	2021/3/14 17:19	DOC 文档	18 KB
电吹风说明书_6.doc	2021/3/14 17:19	DOC 文档	20 KB

图 1-53　文档拆分效果

第三步：合并文档。

选择"会员专享"选项卡，在"拆分合并"下拉框中选择"文档合并"选项。在弹出的"文档合并"对话框中单击"添加更多文件"按钮，选中上一步骤中拆分出的 6 个子文档，并单击"下一步"按钮，选择输出目录，最后单击"开始合并"按钮，如图 1-54 所示。

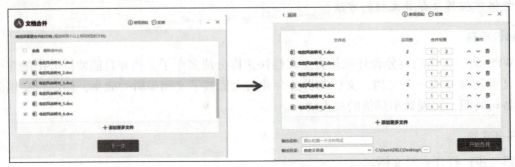

图 1-54　合并文档

任务总结

经过学习，小王掌握了 WPS 文字中拆分与合并文档的方法，这样就可以对任务分工开展简单的多人分工协作了。值得注意的是此项功能是 WPS 文字中的会员专享功能，在拆分过程中务必理清拆分位置，选择合适的拆分方式。

任务 1.4.2　设置共享文档

任务描述

小王在工作中为了方便任务的收发，也方便合作同事之间查阅调用各种数据资料，可以在 WPS 文字内建立共享文件夹或者选择直接分享文档，并设置查看、下载权限，这样操作既简单便捷又安全可靠。

任务目标

（1）能够掌握设置分享文档的方法。
（2）能够掌握设置共享文件夹的方法。

知识准备

共享文档是指在局域网上所有用户都能看到的文档。

项目 1.4　实现效率翻倍的多人协作

任务实施

第一步： 打开素材文档。

选中素材文档"电吹风说明书"，双击打开或者单击鼠标右键选择"打开"命令。

第二步： 分享文档。

单击文档右上角的"分享"按钮，在弹出的"另存为"对话框中单击"确定"按钮，将"电吹风说明书"另存至 WPS 云盘，然后选择"任何人可编辑"选项，单击"创建并分享"按钮。在最后的对话框中，可以单击"复制链接"按钮，把复制的链接发送给其他人，邀请他人加入分享；也可以从通讯录中选择加入分享的人，如图 1-55 所示。

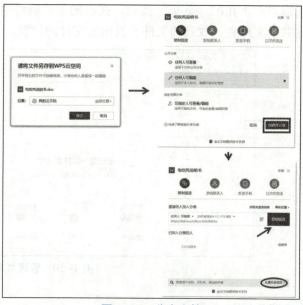

图 1-55　分享文档

第三步： 设置共享文件夹。

（1）打开 WPS 文字，单击新建文档标签"+"，选择"共享文件夹"选项，如图 1-56 所示。在"共享文件夹"界面，可以单击"共享文件夹"按钮直接新建，也可以从 WPS 文字提供的模板中选择，下面以直接新建共享文件夹为例。

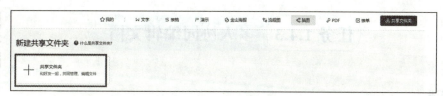

图 1-56　共享文件夹

（2）在"创建共享文件夹"界面输入共享文件夹名称"小王团队"，如图 1-57 所示。

（3）进入"共享文件夹"界面后，复制链接并分享，邀请成员，如图 1-58 所示。

图 1-57　为共享文件夹命名

图 1-58　邀请成员

（4）共享文件夹创建好后，可以上传需要共享的素材文档"电吹风说明书"或者一些文件夹。成员可以在此处下载或上传共享文件，单击"成员管理"按钮，可选择将此成员权限更改为管理员，管理员可以控制普通成员权限，可以邀请新成员加入。若此共享文件夹不再需要进行共享，则单击"取消共享"按钮即可，如图 1-59 所示。

（5）设置共享文件和共享文件夹后，后续若想找到共享文件或共享文件夹的位置，则单击窗口左上角的"首页"按钮，在左侧主导航栏中单击"文档"→"共享"按钮，即可以找到共享文件夹、收到的文件、发出的文件的位置。

图 1-59　管理共享文件夹

任务总结

小王学习了共享文档和共享文件夹的创建和管理。课后同学们可以思考：假如有些共享文档只想让部分人看到，那么应怎样在共享文档中设置权限？

任务 1.4.3　多人协同编辑文档

多人协同编辑文档

任务描述

通过大家的努力，小王部门编制的产品使用说明已经有了初稿。为此他决定在会议室进行展示，并要求大家进行实时协作编辑，为此他进行了相关学习。

任务目标

能够掌握多人协同编辑文档的方法。

知识准备

多人协同编辑即多人实时协作编辑同一个文档，无须反复传文件。

任务实施

第一步：打开素材文档。
选中素材文档"电吹风说明书"，双击打开或者单击鼠标右键选择"打开"命令。
第二步：开启 WPS 的协作模式。
单击文档右上角的"协作"按钮，选择"进行多人编辑"选项，然后在新的页面中，单击右上角的"分享"按钮，在弹出的对话框中选择"仅指定人可查看 / 可编辑"选项，单击"创建并分享"按钮。在最后的对话框中，可以单击"复制链接"按钮，把复制的链接发送给其他人，邀请他人加入分享；也可以从通讯录中选择加入分享的人，成员收到链接后单击进入，就可以一同编辑文档。在素材文档"电吹风说明书"中随意改动，如添加数字"55555"。文档多人编辑如图1-60所示。如想退出可以单击"WPS打开"按钮返回客户端，也可以使用直接关闭的方式退出多人编辑，如图1-61所示。

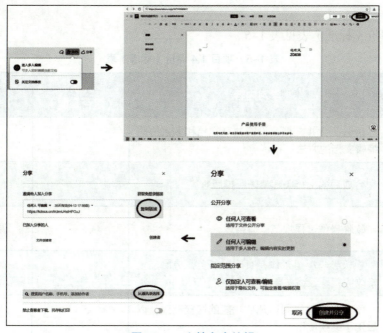

图1-60 文档多人编辑

第三步： 查看协作修改记录。

（1）打开在线编辑文档，单击右上方的"历史记录"按钮，选择"协作记录"选项，如图1-62所示。通过协作记录栏的筛选功能，可以对需要查找的项进行筛选，快速找修改记录，如图1-63所示。

图1-61 提示框

（2）如果对刚才的修改不满意，需要还原修改，则可以单击协作记录栏中的查看详情按钮，然后单击"还原"按钮，如图1-64所示。

图1-62 协作记录

图1-63 筛选

图1-64 查看详情

任务总结

本任务主要介绍设置多人协同编辑文档的方法。多人协同编辑文档时,文档右上方会显示正在参与协作的人员的头像,同时在文档中也会标注哪个人正在文档的哪个位置编辑。在线编辑是实时更新的。课后同学们可以尝试其他协作编辑软件,和 WPS 文字进行对比。

项目评价

项目 1.4 评价(标准)表见表 1-5。

表 1-5　项目 1.4 评价(标准)表

项目	学习内容	评价 (是否掌握)	评价依据
项目知识	拆分、合并文档,设置共享文档和多人协同编辑文档的方法		小组预习展示
视觉感受	合成后的文档条理清晰、排版整齐		封面整体效果
技术应用	软件操作过程规范、有条理		课上练习观察
小组协作	积极参与小组工作,有明确任务,成品反复修改完善,最终按要求完成		课上练习观察
效果转化	学生确实感受到这几项功能的快捷高效,以后乐于继续使用		课外作业, 一对一随机测试

项目小结

本项目主要介绍了拆分与合并文档、分享文档、创建共享文件夹和多人协同编辑文档的方法。这些功能使人们在工作中既能做到分工明确,又能提高工作效率。WPS 云空间的使用,让工作团队打破了过去诸多功能限制,可以随时随地展开高效工作。

练习与思考

1. 在创建分享文档时,除了"复制链接"功能外,还有其他哪些功能?
2. 在多人协同编辑文档时,若自己的文档被别人修改,如何得到通知?

模块 2
玩转数据好帮手

生活在信息时代的人们，比以往任何时候都更频繁地与数据打交道，WPS 表格就是为现代人进行数据处理而定制的工具。

WPS 表格是 WPS Office 中的电子表格制作系统，它功能全面，可以管理账务、分析数据、制作报表、将数据转换为可视化的图表等。它具有易于学习、操作方便、占用内存少、运行速度快、云功能多、有强大的插件平台支持、免费提供海量的在线存储等优点，广泛应用于科学研究、财务管理、统计金融、医疗教育、商业活动和家庭生活等领域。

项目 2.1

WPS表格新手必备

情景再现

又到了每月发放工资的日期，经理坐在电脑前打开人事部发来的工资明细表，查看所有员工工资明细、各部门汇总工资、各类分析报表、各种数据图表。大量原本无序的数据变得清晰明了，这些信息对经理作出决策非常有帮助。他需要小王协助他进行每月制表、统计、计算、分析等一系列工作，这些功能都是用 WPS 表格实现的。可是，小王没有用过 WPS 表格……

项目描述

工资明细表怎么创建？它由哪些元素构成？为了胜任这份工作，小王现阶段首先想了解 WPS 表格的一些基础知识，认识构成表格的基本元素，然后学习 WPS 表格相关的基本功能和基本操作，为进一步学习使用 WPS 表格的其他功能及函数、图表、数据分析等一系列内容奠定坚实的基础。

项目目标

（1）了解 WPS 表格。
（2）掌握工作簿、工作表的概念及基本操作。
（3）掌握输入和编辑数据的技巧。
（4）掌握数据有效性。
（5）掌握快速填充技巧。
（6）掌握单元格格式设置方法。

知识地图

项目 2.1 知识地图如图 2-1 所示。

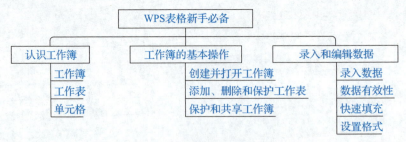

图 2-1　项目 2.1 知识地图

任务 2.1.1 认识工作簿

任务描述
小王开展工作前,首先学习 WPS 表格的工作簿、工作表概念,认识 WPS 表格窗口。

任务目标
(1) 能理解工作簿、工作表的概念。
(2) 认识工作簿窗口。
(3) 理解单元格概念及名称。

知识准备

1. 电子表格计算软件的发展
在生产和生活中,人们需要与数字打交道,计算工具是必不可少的工具。人类早期用手指、结绳文档、骨头、石头和贝壳等计数运算。随着科技进步,各种新型计算工具不断出现,包括算筹、算盘、机械式计算器、电子计算机等。应用于计算机的电子表格计算软件经历了:VisiCalc、Lotus 1-2-3、Excel 和 WPS 表格几个阶段。WPS 表格软件是金山办公软件股份有限公司开发的 WPS Office 中一个重要的组成部分,用于对表格式的数据进行组织、分析和图形化。它操作简单、易于学习,所以广泛应用于日常生活和工作中,能满足大多数人对数据处理的需求。

2. WPS 表格的基本概念

1) WPS 表格文件

通常情况下,WPS 表格文件是指工作簿文件,扩展名为".et",是 WPS 表格最基础的电子表格文件类型。除此以外,WPS 表格程序还可以创建多种文件,如 WPS 模板文件(".ett")、Excel 文件(".xlsx"".xls")、Excel 启用宏的工作簿文件(".xlsm")、网页文件(".htm"".html"".mhtml")、WPS 加密文档(".xlsx"".xls")等。可以通过扩展名和图标区别不同类型的文件。

2) 工作簿、工作表

如果将工作簿看作作业本,工作表就相当于作业本里的一页纸。作业本有多页纸,同样工作簿有多张工作表。启动 WPS 表格时自动创建名为"工作簿 1"的空白文档,默认自动创建一个工作表"Sheet1",名称显示在工作表下方,称为工作表标签。根据需要可以添加、删除工作表,一个工作簿最多可以包含 255 个工作表。

3) 单元格

工作表左侧用阿拉伯数字标注"行号",上方英语字母标注"列标",超过 26 个字母用 AA、AB、…、BA 等表示。WPS 表格工作表最大行数是 1 048 576 行,共有 16 384 列。行和列相交处是单元格,用"列标"和"行号"表示单元格名称,如 C10 表示第 10 行第 3 列。A1:C3 表示 A1 到 C3 的连续区域。可在名称框录入单元格名称后按 Enter 键,可选中单元格或单元格区域。

任务实施

新建 WPS 表格，认识 WPS 表格窗口。

启动 WPS 表格后，出现图 2-2 所示窗口，包含功能区、名称框、编辑栏、编辑区、工作表等。

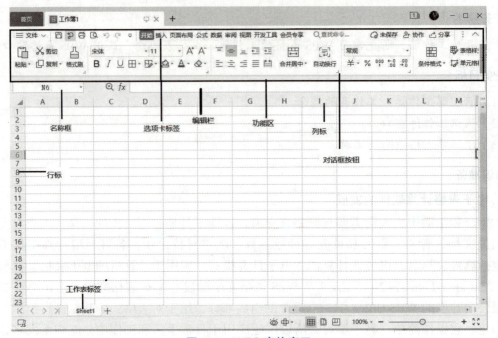

图 2-2　WPS 表格窗口

（1）功能区：在标题下方，由一组选项卡面板组成，单击选项卡标签可切换不同选项卡面板，包括：开始、插入、页面布局、公式、数据、审阅、视图、开发工具等。

（2）上下文选项卡：当执行特定操作时会显现上下文选项卡。如插入图形会出现"绘图工具"和"文本工具"选项卡。

（3）对话框显示器：位于命令组右下角，与此命令组关联，单击时打开该命令组的相应对话框。

任务总结

在本任务中我们跟着小王一起认识了 WPS 表格窗口，理解并辨析了工作簿、工作表和单元格，明白了工作簿可以保存为多种文件类型。

任务 2.1.2　工作簿的基本操作

任务描述

发工资时需要工资明细表。怎样创建工资明细表工作簿？在工作簿中怎样添加、删除、重命名工作表？如何保护工作表中的数据不被破坏？小王拿着上个月的工资明细表来学习工作簿的基本操作。

任务目标

（1）掌握工作簿的创建、保存、打开和关闭方法。

（2）掌握工作表的添加、删除、重命名、移动和复制、冻结、显示或隐藏方法。

（3）掌握保护工作簿和工作表、共享工作簿的方法。

知识准备

工作簿是用户使用 WPS 表格进行各种操作的主要对象和载体。本任务主要介绍工作簿的创建、保存，工作表的创建、保存、移动等基础操作。需要掌握基础操作方法，为后续进一步学习 WPS 表格的其他操作打下基础。

WPS 表格有两个与保存功能相关的菜单命令，分别是"保存"和"另存为"，两者有一定区别：

（1）对新创建的工作簿，在第一次保存时，"保存"和"另存为"命令功能完全相同，都打开"另存文件"对话框，供用户进行路径定位、文件命名和格式选择等设置。

（2）对已经保存过的工作簿，两个命令有以下区别：

① "保存"命令不会打开"另存文件"对话框，而是直接将编辑后的内容保存到当前工作簿中。工作簿的文件名、存放路径不会发生改变。

② "另存为"命令会打开"另存文件"对话框，允许用户重新设置存放路径、文件名和其他保存选项，得到当前工作簿的一个副本。

任务实施

第一步： 学习工作簿的基本操作。

在 "E:\文件" 文件夹中创建名为"工资明细表"的工作簿，设置自动保存、保护工作簿，关闭文件后再次打开。

（1）新建工作簿。

启动 WPS 表格时，自动新建名为"工作簿 1"的工作簿。

（2）保存工作簿。

以下几种操作均可保存工作簿：

① 执行"文件"→"保存"命令，弹出图 2-3 所示的"另存文件"对话框，选择保存位置，输入文件名"工资明细表"，保存工作簿。

② 使用组合键"Ctrl+S"，保存工作簿。

③ 单击快速启动工具栏上的"保存"按钮。

可使用"另存为"方法，将 WPS 表格其他版本文件转换为当前版本。

图 2-3 "另存文件"对话框

（3）自动保存工作簿。

①选择"文件"→"工具"→"备份中心"选项，在弹出图2-4所示的"本地备份配置"对话框中，选择"定时备份"选项，设置自动保存时间为10分钟。

②设置本地备份存放的磁盘。

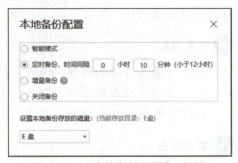

图2-4 "本地备份配置"对话框

（4）打开工作簿。以下操作均可打开工作簿：

①双击所需打开的文件图标，可自动打开文件。

②启动WPS表格，执行"文件"→"打开"命令，弹出"打开"对话框，选择路径，选中文件，单击"打开"按钮。

（5）保护和撤销保护工作簿。

①执行"审阅"→"保护工作簿"命令。在弹出的对话框中设置密码（可保护所有工作表不能进行删除、添加）。

②执行"审阅"→"撤销保护工作簿"命令。在弹出的对话框中输入密码，撤销保护。

（6）共享工作簿。

①执行"审阅"→"共享工作簿"命令。弹出图2-5所示的"共享工作簿"对话框，勾选"允许多用户同时编辑，同时允许工作簿合并"复选框，单击"确定"按钮。

②单击"确定"按钮保存文档。文档显示共享标志。

（7）关闭工作簿。有以下3种方法：

①单击窗口标题栏右侧的"关闭"按钮。

②按组合键"Alt+F4"。

③执行"文件"→"退出"命令。

第二步：学习工作表的基本操作。

打开"E:\文件\工资明细表.et"，将"Sheet1"工作表重命名为"员工基础资料表"，设置标签颜色为"橙色"，删除多余工作表。插入新工作表，移至第一位置。隐藏工作表，冻结"员工基础资料表"前两列。进行并排比较。

图2-5 "共享工作簿"对话框

双击打开"工资明细表"，执行以下操作：

（1）重命名工作表。以下3种操作均可重命名工作表：

①选中工作表，用鼠标右键单击工作表标签，在弹出的菜单中选择"重命名"命令，删除工作表原名称，输入新名称。

②双击工作表标签，进入编辑状态。

③执行"开始"→"工作表"→"重命名"命令。

（2）设置工作表标签颜色。以下两种操作均可实现：

①选中工作表，用鼠标右键单击工作表标签，在弹出的菜单中选择"工作表标签颜色"选项，在弹出的面板中选择"橙色"选项。

②选择"开始"→"工作表"→"工作表标签颜色"选项。

（3）删除工作表。

用鼠标右键单击工作表标签，在弹出的菜单中选择"删除工作表"命令，空白工作表立即被删除。如果工作表不为空，会弹出"确认删除"警告框，单击"确定"按钮立即删除工作表，数据将不能恢复。

（4）插入工作表。以下操作均可插入工作表：

①执行"开始"→"工作表"→"插入工作表"命令，弹出"插入工作表"对话框，设置插入工作表数目、插入位置，插入新工作表。

②用鼠标右键单击工作表标签，在弹出的菜单中选择"插入工作表"命令，弹出"插入工作表"对话框。

③单击工作表标签右侧"+"号，直接插入工作表。

（5）复制和移动工作表。

①用鼠标右键单击工作表标签，在弹出的菜单中选择"创建副本"命令，在原工作表前插入"员工基础资料表（2）"工作表，实现复制工作表功能。

②用鼠标右键单击工作表标签，在弹出的菜单中选择"移动工作表"命令，弹出图2-6所示的"移动或复制工作表"对话框，勾选"建立副本"复选框或选择"复制工作表"命令，在原工作表前插入"员工基础资料表（2）"工作表。

③在工作表标签处按住鼠标左键拖动至需要位置，松开鼠标，完成移动工作表操作。

（6）隐藏和显示工作表。

出于安全考虑，有时需要隐藏工作表。

①单击工作表标签选中工作表，执行"开始"→"工作表"→"隐藏工作表"命令（至少要有一张可见工作表）。

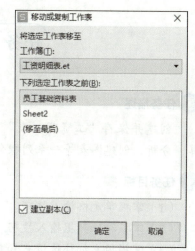

图2-6 "移动或复制工作表"对话框

要显示隐藏工作表，执行"开始"→"工作表"→"取消隐藏工作"命令。

②用鼠标右键单击工作表标签，在弹出的菜单中选择"隐藏工作表"或"取消隐藏工作表"命令。

（7）冻结工作表。

选择C列或单击C1单元格，执行"开始"→"冻结窗格（下拉）"→"冻结至B列"命令。

要取消冻结，执行"开始"→"冻结窗格（下拉）"→"取消冻结窗格"命令。

（8）工作表并排比较。

有时需要对两个打开工作簿中的工作表进行对比，两个窗口内容能同步滚动。可以用"并排比较"功能实现。

打开两个工作簿，执行"视图"→"重排窗口"命令，选择"水平平铺"或"垂直平铺"命令，可将两个工作簿窗口并排显示。执行"视图"→"并排比较"→"同步滚动"命令，可实现同步滚动比较。

（9）保护工作表。

执行"审阅"→"保护工作表"命令。弹出图 2-7 所示的对话框。在此可以选择进入保护状态后，除了禁止编辑锁定单元格以外，还可以进行哪些操作。

任务总结

在本任务中我们跟着小王一起学习了工作簿的创建和保存，工作表的创建、删除、重命名等最基本的操作。保护工作表和共享工作簿可以有效提高工作效率。WPS 表格的共享功能在手机端使用较多。

图 2-7 "保护工作表"对话框

任务 2.1.3 输入和编辑数据

数据输入

任务描述

创建并保存"工资明细表"工作簿以后还需要输入数据并设置格式才能实现后续的计算、分析、创建图表等一系列操作。下面小王需要学习输入和编辑数据的方法。

任务目标

（1）掌握单元格输入技巧。
（2）掌握特殊数据输入技巧。
（3）掌握填充柄快速填充和自定义序列填充技巧。
（4）掌握导入数据的方法。
（5）掌握设置单元格格式、使用格式刷的方法。
（6）掌握数据有效性。
（7）理解表格样式、条件格式、主题和打印设置。

知识准备

WPS 表格经常使用的数据类型有数值型、日期型、文本型和公式型 4 种类型。下面介绍前 3 种。

（1）数值型数据：包括数字、运算符号、百分号、货币符号、分数等，可以参与算术运算。注意录入分数前先输入 0 和空格，再输入分数，否则作为日期型数据处理。

（2）日期型数据：包括日期或时间数据，使用"-"、"/"、中文"年月日"输入的日期数据，会自动转换为相应"日期"格式。在 WPS 表格中日期型数据是以 0~2 958 466 数值区间的数值存储的，默认日期以 1900 年 1 月 1 日为序列值的基准日。日期型数据可以参与加、减等数值运算。

（3）文本型数据：包括非数值的文字、符号、数字和空格等，不能用于数值运算，可以比较大小，如姓名、银行卡号、身份证号、电话号码等。输入数据只要包含文字字符如

"234kg"，WPS 表格就自动将它作为文本数据处理。

①录入较长数字时，如身份证号"320102199506242020"，系统默认为数值，自动转换为"320102199506242000"，显示为"3.20102E+17"。应先输入英文"'"再输入较长数字。

②录入较长文本信息时，若右侧单元格中没有信息，则跨列显示在本单元格和右侧单元格中；如果右侧单元格中有信息，则只在本单元格显示部分信息，多余信息不显示。

③在编辑栏中，可使用"Alt+Enter"组合键强制换行。

任务实施

打开"工资明细表.et"文件，选择"Sheet1"工作表，将其重命名为"员工基础资料表"，录入图 2-8 所示数据信息。

员工工号	姓名	部门	银行卡号	进厂时间	基础工资	绩效工资	工龄工资
A001	张文岳	供应科	601428809287970 01	2000/4/17	¥4,500.0	¥2,200.0	¥650.0
A012	郭延标	质控部	601428809287983 04	1997/8/20	¥3,900.0	¥2,600.0	¥800.0
A002	韩长赋	供应科	601428809287979 7	1997/1/1	¥4,500.0	¥2,400.0	¥850.0
A017	李建国	财务部	601428809287987 05	1997/1/22	¥3,600.0	¥2,800.0	¥850.0
A008	龚学平	生产综合部	601428809287979 02	2001/3/20	¥4,800.0	¥2,800.0	¥650.0
A003	张左己	供应科	601428809287973 05	2001/3/1	¥3,400.0	¥600.0	¥650.0
A004	陈光林	供应科	601428809287975 00	2002/9/29	¥3,600.0	¥2,800.0	¥550.0
A005	李克强	生产综合部	601428809287976 08	1999/6/20	¥3,900.0	¥2,600.0	¥700.0
A016	韩正	财务部	601428809287986 07	2000/4/17	¥3,900.0	¥2,200.0	¥650.0
A007	钱运录	生产综合部	601428809287978 04	2002/5/20	¥4,200.0	¥2,200.0	¥550.0
A009	李渊	生产综合部	601428809287980 00	1998/1/1	¥3,900.0	¥2,600.0	¥300.0
A010	王珉	质控部	601428809287981 08	2002/5/12	¥4,200.0	¥2,200.0	¥550.0
A011	张正	质控部	601428809287982 06	2002/4/1	¥4,800.0	¥2,800.0	¥600.0
A006	王云坤	生产综合部	601428809287977 06	2000/4/10	¥4,500.0	¥2,400.0	¥700.0
A013	王国发	质控部	601428809287984 02	2000/3/1	¥4,500.0	¥2,400.0	¥700.0
A014	王巨禄	质控部	601428809288021 02	1999/5/1	¥4,500.0	¥2,200.0	¥700.0
A015	将以任	财务部	601428809287985 09	2000/12/18	¥4,800.0	¥2,400.0	¥650.0
A018	徐光春	财务部	601428809287988 03	1999/1/6	¥4,500.0	¥2,600.0	¥750.0
A019	张高丽	财务部	601428809287989 01	2001/10/10	¥4,200.0	¥2,200.0	¥600.0

图 2-8　员工基础资料表

具体步骤如下：

第一步：双击"Sheet1"工作表，输入"员工基础资格表"。

第二步：输入数据信息。

单击选择单元格为活动单元格，直接输入数据信息，按 Enter 键或单击编辑栏上的"√"按钮确定输入。当按 Enter 键后，自动将下一个单元格激活为活动单元格，为输入下一个数据做准备。当单击"√"按钮后，不会改变当前活动单元格。

银行卡号和身份证号是文本数据，输入前应先输入英文符号"'"。

注意：若输入中出现错误可单击单元格，在"编辑栏"中修改，也可双击单元格直接修改。

第三步：清除信息。

（1）清除内容。

清除单元格数据，保留单元格格式、批注不变。选定单元格（一个或多个、行或列），按 Delete 键删除选定区域内容。或者选定单元格，选择"开始"→"单元格（下拉）"→"清除"→"内容"选项，如图 2-9 所示。

图 2-9　清除信息

（2）全部清除。

清除所选单元格中所有内容，包括格式、数据、批注等。

（3）清除格式。

只清除格式，保留其他内容。

（4）特殊字符。

可清除空格、换行符、单引号、不可见字符。

第四步：快速填充。

（1）填充柄。输入一系列有规律的数据，如序号、工号等时，可采用自动填充柄高效输入。如在 A1:A20 区域快速输入 1~20 的方法如下：

①在 A1 和 A2 单元格中分别输入"1"和"2"。

②选中 A1:A2 单元格区域，将鼠标移至选中区域黑色边框右下角，鼠标显示为黑色加号（填充柄）。

③按住鼠标左键向下拖动，直至 A20 单元格，松开鼠标。系统自动填充数字 1~20。

自动填充完成后，在填充区域右下方显示自动填充选项，如图 2-10 所示，可根据需要选择一种指令。

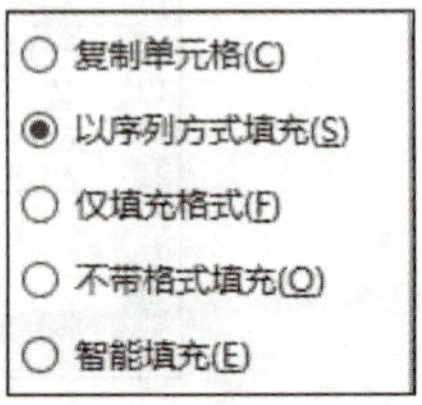

（2）自定义序列填充。如在 B1:B5 区域快速输入"周一、周二、周三、周四、周五"的方法如下：

图 2-10　自动填充

①选择"文件"→"工具"→"选项"→"自定义序列"选项，在"输入序列"区域输入"周一""周二""周三""周四""周五"，按 Enter 键换行。

②单击"添加"按钮添加至"自定义序列"列表中，单击"确定"按钮。

③单击 B1 单元格，输入"周一"，拖动填充柄至 B5 单元格，可自动填充"周一""周二""周三""周四""周五"。

第五步：导入数据。

打开"工资明细表"工作簿，插入空白工作表，在 A1 单元导入"D:\文件\函数.et"工作簿中的"函数"工作表数据。

（1）打开"工资明细表"工作簿，用鼠标右键单击"员工基础资料表"工作表标签，在弹出的菜单中选择"插入工作表"命令，插入空白工作表。

（2）单击空白工作表执行"数据"→"导入数据（下拉）"→"连接数据库"→"浏览更多…"命令，在弹出的"打开"对话框中选择"函数"工作簿，单击"打开"按钮。

（3）在弹出的"选择表格"对话框中选择"函数"工作表。

（4）弹出"导入数据"对话框，选择数据放置位置为 A1 单元格，单击"确定"按钮，完成数据导入。

第六步： 设置数据有效性。

将"员工基础资料表"工作表中"进厂时间"数据区域 E3：E21 限定日期为：1900-1-1 至 9999-12-31。方法如下：

（1）打开"工资明细表.et"工作簿"员工基础资料表"，选择 E 列"进厂时间"数据区域，执行"数据"→"有效性（下拉）"→"有效性"命令，弹出图 2-11 所示"数据有效性"对话框。

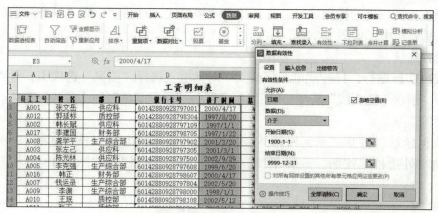

图 2-11 设置数据有效性

（2）选择"设置"→"允许"→"日期"→"介于"选项，在开始日期和结束日期中直接输入数据，单击"确定"按钮。当输入日期不在限定范围内时，会自动弹出错误提示，从而起到规范和提示作用。

第七步： 添加批注，设置列宽行高。

在"员工基础资料表"工作表 B5 单元格中添加批注"新入职"，在"员工工号"一行前插入一行，将 A1:H1 合并居中，输入"工资明细表"，设置行高为 20 磅。

（1）选中 B5 单元格，执行"审阅"→"新建批注"命令，或单击鼠标右键，在弹出的快捷菜单中选择"插入批注"命令，出现批注输入框，直接输入批注内容。

（2）单击行号"1"，选中第 1 行，单击鼠标右键，在弹出的快捷菜单中选择"插入"命令，或者单击第 1 行任意单元格，执行"开始"→"行和列（下拉）"→"插入单元格"→"插入行"命令，在第 1 行前插入一行。

（3）选择 A1:H1 单元格区域，执行"开始"→"合并后居中"→"合并后居中"命令，或者按"Ctrl+1"组合键，打开"单元格格式"对话框，选择"对齐"→"水平对齐"→"跨列居中"选项，单击"确定"按钮。录入"工资明细表"（"合并后居中"命令将所选单元格合并为一个单元格，"跨列居中"选项不合并单元格）。

（4）单击行号"1"，选中第 1 行，单击鼠标右键，在弹出的快捷菜单中选择"行高…"选项或者选择"开始"→"行和列（下拉）"→"行高"选项，在弹出的"行高"对话框中输入"20"，单击"确定"按钮。

第八步： 设置单元格格式和格式刷。

打开"工资明细表"工作簿，将"员工基础资料表"工作表第 2 行标题行设置为：字体为方正姚体，字号为 12，颜色为浅蓝，图案样式为细水平剖面线。"基础工资"数据区设置为货币型数据，保留1位小数。"绩效工资"和"工龄工资"数据区采用相同格式。其他数据单元格区域设置水平居中、垂直居中。表格外边框为双实线边框，内部为单线边框。

（1）字体格式设置。

①选择 A2:H2 标题行，按"Ctrl+1"组合键或者单击鼠标右键，打开"单元格格式"对话框，在"字体"选项卡中设置字体为方正姚体，字号为12。

②选择"基础工资"数据区域，打开"单元格格式"对话框，在"数字"选项卡中选择"货币"选项，"小数位数"选择"1"。

③选择除工资以外的数据区域，打开"单元格格式"对话框，在"对齐"选项卡中设置水平居中、垂直居中，如图 2-12 所示。

（2）设置底纹。

选择 A2:H2 标题行，打开"单元格格式"对话框，选择"图案"选项卡，分别选择"图案样式"→"细水平剖面线"选项，"图案颜色"→"标准颜色"→"浅蓝"选项。

（3）设置边框。

选择数据区域，打开"单元格格式"对话框，选择"边框"→"直线"→"双实线"选项，单击"外边框"按钮，选择单线，单击"内部"按钮，如图 2-13 所示，单击"确定"按钮。

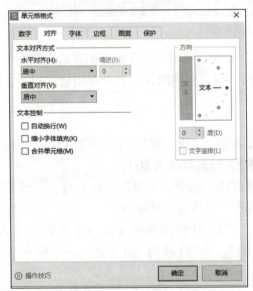

图 2-12　设置文本对齐方式

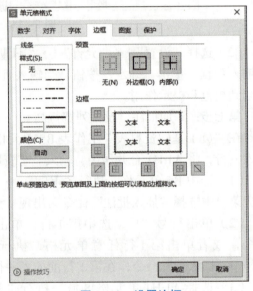

图 2-13　设置边框

（4）格式刷。

单击选中"基础工资"数据区，选择"开始"→"格式刷"选项，按住鼠标左键拖选"绩效工资"和"工龄工资"数据区后单击，完成格式复制（双击格式刷可完成多个区域格式的复制）。

第九步： 设置单元格样式。

WPS 表格提供了表格样式模板，可以自动套用到用户的工作表中。

打开"员工基础资料表"工作表，选择 A2:H21 单元格区域，选择"开始"→"表格样式（下拉）"→"浅色系"→"表样式浅色 6"选项，如图 2-14 所示，单击"确定"按钮。

图 2-14 自动套用表格样式

第十步： 设置条件格式及主题。

利用条件格式将"员工基础资料表（2）"中绩效工资低于 1 000 的单元格显示为红色。设置文档主题为"元素"。

（1）选择"员工基础资料表（2）"中的"绩效工资"数据区，选择"开始"→"条件格式"→"突出显示单元格规则"→"小于…"选项，如图 2-15 所示。在弹出的"小于"对话框中输入"1000"，在"设置为"下拉列表中选择"自定义格式"选项，在弹出的对话框中设置字体颜色为"红色"，单击"确定"按钮。

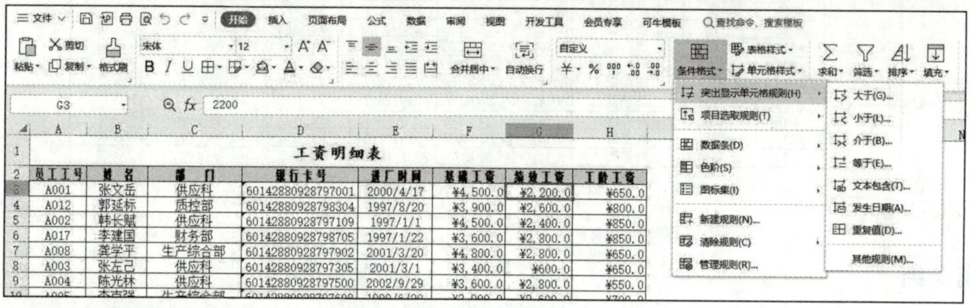

图 2-15 设置条件格式

（2）选择"页面布局"→"主题"→"元素"选项。

"自动套用格式"只能设置数据的颜色，不能改变字体；使用"主题"可以对数据表的颜色、字体进行快速格式化。

第十一步： 进行打印设置。

设置"员工基础资料表"A1:H21 单元格区域为打印区域，在第 10 行前插入分页符，设置标题行为打印标题，进行打印预览。将打印区域设置在一页内打印。

（1）打开"员工基础资料表"工作表，选择 A1:H21 单元格区域，执行"页面布局"→"打印区域"→"设置打印区域"命令。

（2）选择第 10 行数据，执行"页面布局"→"分隔符"→"插入分页符"命令。

（3）选择"页面布局"→"打印标题"→"工作表"选项卡，在"打印标题"区域单击"顶端标题行（R）"右侧按钮，打开对话框选择"$1:$2"，如图 2-16 所示。

（4）执行"页面布局"→"打印预览"命令，观察打印预览界面，如图 2-17 所示。工作表从第 10 行开始分为两页，两页均包含标题。

图 2-16 设置顶端打印标题

图 2-17 打印预览界面

任务总结

在本任务中我们跟着小王学习了输入单元格数据和设置格式的基本操作。经过格式化设置表格更加美观，数据更易于理解。WPS 表格有手机版和平板版，可以在中国大陆地区的手机上使用。

项目评价[①]

项目 2.1 评价（标准）表见表 2-1。

表 2-1 项目 2.1 评价（标准）表

项目	学习内容	评价 （是否掌握）	评价依据
任务 2.1.1 认识工作簿	认识工作簿窗口		课上练习观察
	工作簿、工作表、单元格的概念		课外作业
任务 2.1.2 工作簿的基本操作	工作簿的创建、保存、打开和关闭等操作		课上练习观察、案例操作
	工作表的创建、复制、删除、重命名等操作		课上练习观察、案例操作
	工作表的保护和工作簿的共享		课上练习观察、案例操作

---

① 从模块 2 起，为讲解方便，"项目评价"部分结构与前面稍有不同，特此说明。

续表

项目	学习内容	评价（是否掌握）	评价依据
任务 2.1.3 输入和编辑数据	数据类型		课外作业
	特殊数据输入技巧		课上练习观察、案例操作
	快速填充操作		课上练习观察、案例操作
	数据有效性		课上练习观察、案例操作
	单元格格式设置		课上练习观察、案例操作
	格式刷的使用		课上练习观察、案例操作
技术应用	软件使用和操作过程规范、有条理		课上练习观察
效果转化	能将所学应用到课外任务中，并拓展掌握更多操作		课外作业

项目小结

在项目中，我们跟随小王认识了工作簿、工作表，掌握了工作簿和工作表的基本操作，掌握了输入数据的技巧和格式设置方法。学习难点是打印的设置、数据有效性的设置，可以通过反复练习，掌握难点操作，提升办公能力。

练习与思考

1. 身份证号和银行卡号属于（　　）类型数据。
2. 保存 WPS 表格工作簿时要注意哪些问题？
3. 在 WPS 表格中怎样输入身份证号？
4. 创建“期中成绩表”工作簿，完成以下操作：

（1）将“Sheet1”工作表重命名为“期中成绩表”，删除其余工作表。

（2）输入图 2-18 所示期中成绩表数据。

（3）设置标题字体为宋体，字号为 22，合并后居中。

（4）设置 A2:I2 单元格区域字体为华文细黑，字号为 12，颜色为白色，填充蓝色底纹。

（5）为“性别”数据列设置数据有效性：“男”和“女”。

（6）设置总分在 230 分以上的文字颜色为深红。

（7）设置单元格数据居中。

	A	B	C	D	E	F	G	H	I
1	期中成绩表								
2	姓名	性别	英语	语文	数学	总分	平均分	不及格门数	排名
3	卜连婧	女	61	65	56	182			
4	操维	男	74	78	68	220			
5	陈佳佳	男	79	73	57	209			
6	崔向维	男	68	64	73	205			
7	丁兆雪	女	83	84	88	255			
8	范仲莲	女	67	84	65	216			
9	高志娟	女	75	83	81	239			
10	侯润亭	女	74	73	81	228			
11	胡恒双	男	61	75	64	200			
12	华雪雨	女	71	67	93	231			
13	鞠美玲	女	79	72	87	238			
14	李夏妍	女	60	63	62	185			
15	刘嘉敏	男	71	80	80	231			
16	罗雨欣	女	83	73	80	236			
17	倪欣妍	女	79	81	91	251			
18	潘珺	女	77	79	90	246			
19	陶纯	女	82	81	88	251			
20	王莹	女	76	83	93	252			
21	薛明	男	45	53	77	175			
22	于鑫	男	60	60	56	176			

图 2-18　期中成绩表数据

项目 2.2 公式函数显威风

情景再现

每个月人事部门会根据员工加班情况和工作表现，计算当月的加班费和绩效工资，每月工资表数据会出现变动。小王完成的工资明细表内容是固定数据，经理要求小王调整工资明细表，每月根据当月情况，使表格数据自动更新，得到当月的工资明细表数据。这可以利用 WPS 表格的函数公式来实现。这次小王要学习怎样利用函数公式进行计算。

项目描述

每月怎样根据加班费计算工资合计？怎样统计各部门人数？怎样根据姓名查找员工工资？小王首先要了解 WPS 表格的公式和常用函数的概念，然后学习单元格引用，最后要学习公式输入、常用函数、条件函数、统计函数、数学三角函数、查找引用函数等的使用方法。通过学习可以了解函数的应用技术，将其运用到实际工作和学习中，真正发挥 WPS 表格在数据计算上的威力。

项目目标

（1）理解公式函数的概念，掌握公式函数的编辑方法。
（2）理解并掌握单元格引用。
（3）掌握求和、平均值、计数、最大值、最小值等常用函数的使用方法。
（4）掌握条件函数 IF 的使用方法。
（5）掌握 COUNT、COUNTIF、COUNTIFS、RANK.EQ、AVERAGEIF 等统计函数的使用方法。
（6）掌握数学和三角函数 SUMIF 的使用方法。
（7）掌握查找引用函数 VLOOKUP 的使用方法。

知识地图

项目 2.2 知识地图如图 2-19 所示。

图 2-19 项目 2.2 知识地图

任务 2.2.1　认识公式

任务描述

小王打算运用公式在已经输入数据的工资明细表中实现计算。首先他想通过操作，理解什么是公式、公式中的运算符，掌握公式的输入和编辑技巧。

任务目标

（1）理解公式的概念。
（2）了解公式中的运算符号。
（3）掌握公式的输入和编辑技巧。

知识准备

1. 公式的概念

公式是由“=”开头，由运算符按一定顺序组合进行数据运算处理的等式。运算符包括算术运算符（+、–、*、/、%、&、^）和比较运算符（=、<、>、>=、<=、<>）。

WPS 表格公式包含 4 种类型的运算符：算术运算符、比较运算符、文本运算符、引用运算符。

在通常情况下，WPS 表格按公式从左到右的顺序进行计算，当公式中使用多个运算符时，根据各运算符的优先级进行计算，可以使用括号改变运算的优先级别。

2. 公式的输入和编辑

当以“=”号开头在单元格进行输入时，WPS 表格自动变为输入公式状态，当单击其他单元格区域时，该区域将作为单元格引用自动输入到公式中。按 Enter 键，结束公式编辑状态，同时计算结果显示在单元格中。

任务实施

在 I3 : I10 单元格区域计算工资合计。注意：当需要相同的计算公式时，可以通过“复制”和“粘贴”命令进行操作。

第一步：打开工资明细表，单击表中存放结果的 I3 单元格，输入“=D3+E3”，按 Enter 键确认输入。

第二步：向下复制公式。可用以下几种方法向下复制公式：

（1）单击 I3 单元格，拖住填充柄向下复制公式。
（2）单击 I3 单元格，双击填充柄向下复制公式。
（3）选择 I3:I10 单元格区域，按“Ctrl+D”组合键。
（4）复制 I3 单元格，选择 I4:I10 单元格区域，选择“粘贴”→“公式”选项，结果如图 2-20 所示。

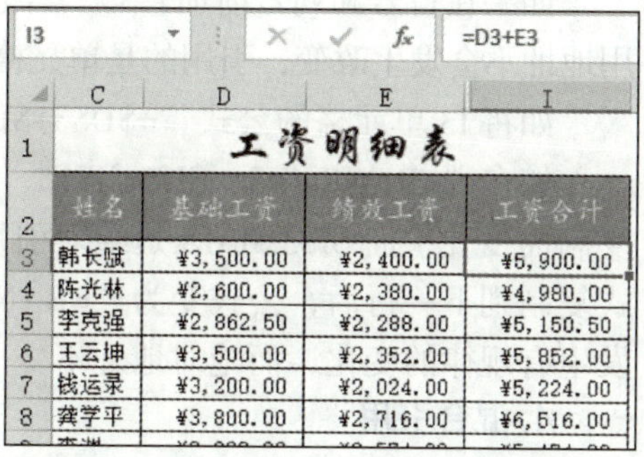

	C	D	E	I
2	姓名	基础工资	绩效工资	工资合计
3	韩长赋	¥3,500.00	¥2,400.00	¥5,900.00
4	陈光林	¥2,600.00	¥2,380.00	¥4,980.00
5	李克强	¥2,862.50	¥2,288.00	¥5,150.50
6	王云坤	¥3,500.00	¥2,352.00	¥5,852.00
7	钱运录	¥3,200.00	¥2,024.00	¥5,224.00
8	龚学平	¥3,800.00	¥2,716.00	¥6,516.00

图 2-20　利用公式计算工资合计

任务总结

在本任务中，我们跟着小王一起学习了 WPS 表格中公式的概念；掌握了输入公式要用"="引导；理解了运算符是公式的基本元素，每个运算符代表一种运算。

任务 2.2.2 认识单元格引用

任务描述

小王发现在工资计算公式中会引用单元格地址。单元格引用分为相对引用、绝对引用和混合引用。小王在思考三者有何区别。让我们跟着小王一起来学习单元格引用吧。

任务目标

（1）理解绝对地址、相对地址的概念和区别。
（2）掌握相对引用、绝对引用、混合引用。
（3）能正确选择单元格引用方式实现计算。

知识准备

1. 单元格引用

单元格的地址用它的列标和行号表示，如地址"D3"表示 D 列第 3 行单元格。在公式计算中出现的单元格名称（如"=D3+E3"）表示对存储在该单元格的数据进行调用，这种方法称为单元格引用。在 WPS 表格公式复制中，单元格地址的正确引用非常重要。单元格引用分为相对引用、绝对引用和混合引用。

2. 相对引用

当把公式复制到其他单元格或单元格区域中时，行或列的引用地址发生相应改变，引用的是当前行或列的实际偏移量。

如将 I3 单元格的公式"=D3+E3"复制到 I4 单元格时，公式自动变为"=D4+E4"。公式中"D3""E3"变为"D4""E4"，单元格地址自动发生相应改变，这样的单元格地址称为相对地址，这种引用方式称为相对引用。在默认情况下，新公式都使用相对引用。

3. 绝对引用

如果在行号和列号前加"$"，当把公式复制到其他单元格或单元格区域中时，行或列的引用地址不会发生改变，引用的是单元格的绝对地址。在复制公式时，绝对地址不发生变化。

如将 I3 单元格的公式"=$D$3+$E$3"复制到 I4 单元格时，公式仍为"=$D$3+$E$3"。

如在"=RANK（I3，$I$3:$I$15，0）"公式中，I3 是相对引用，即单元格引用随着公式的复制而变化；而 $I$3:$I$15 是绝对引用，即范围固定不变，始终是 I3:I15 单元格区域，将公式复制到下一行后，公式变为"=RANK（I4，$I$3:$I$15，0）"，相对地址由"I3"变为"I4"，发生有规律的变化，而绝对地址不变。

4. 混合引用

如果只在行号或列号前加"$"，当将公式复制到其他单元格或单元格区域中时，加"$"

的行或列的绝对地址不变，另一地址发生变化。

如公式“=E$3”，行为绝对引用（不变），列为相对引用（会变）。当将公式向下复制时始终保持不变（“=E$3”），而向右复制时，列号发生变化。如右移一列，公式变为“=F$3”。

任务实施

在 I 列计算工资合计，在 J 列将每人工资合计加上 L3 单元格中的数据，使用混合引用在 K 列进行同样的计算，如图 2–21 所示。

	C	D	E	I	J	K	L
1	工资明细表						
2	姓名	基础工资	绩效工资	工资1	工资2	工资3	涨工资
3	韩长赋	￥3,500.00	¥2,400.00				500
4	陈光林	￥2,600.00	¥2,380.00				
5	李克强	￥2,862.50	¥2,288.00				
6	王云坤	￥3,500.00	¥2,352.00				
7	钱运录	￥3,200.00	¥2,024.00				
8	龚学平	￥3,800.00	¥2,716.00				

图 2–21 单元格引用

第一步：单击 I3 单元格，输入“=D3+E3”，按 Enter 键确认输入，并向下复制公式（使用相对引用）。

第二步：单击 J3 单元格，输入“=I3+$L$3”（输入 L3 单元格数据后按 F4 键），按 Enter 键确认输入，并向下复制公式（使用绝对引用）。

第三步：单击 K3 单元格，输入“=I3+L$3”（输入 L3 单元格数据后按两次 F4 键），按 Enter 键确认输入，并向下复制公式（使用混合引用）。

任务总结

在本任务中，我们跟着小王一起学习了单元格引用，理解了如果希望复制公式时能够固定所引用单元格地址，需要使用绝对引用或混合引用，方式是在单元格地址行号或列号前加“$”。

任务 2.2.3 认识函数

认识函数

任务描述

经理要求小王统计各部门人数、统计工资排名、查找指定员工工资等。这可以利用 WPS 表格提供的多种函数来实现。函数是由 WPS 表格内部预先定义，并按照特定的顺序、结构执行计算的数据公式。小王想学习几种常用函数以提高工作效率。

任务目标

（1）了解函数。

（2）掌握输入函数的方法。

（3）掌握求和、平均值、计数、最大值、最小值等常用函数的使用方法。

（4）掌握条件函数 IF 的使用方法。

（5）掌握 COUNT、COUNTIF、COUNTIFS、RANK.EQ、AVERAGEIF 等统计函数的使用方法。

（6）掌握数学和三角函数 SUMIF 的使用方法。

（7）掌握查找引用函数 VLOOKUP 的使用方法。

知识准备

函数也称为"特殊公式"，函数处理数据的方式与直接创建公式处理数据是相同的，如公式"=D4+E4"与"=sum（D4:E4）"作用一样。使用函数优点是可以减少输入工作量。

1. 函数的分类

（1）根据函数的功能和应用领域，内置函数分为：文本函数、信息函数、逻辑函数、查找和引用函数、日期和时间函数、统计函数、数学和三角函数、数据库函数、财务函数、工程函数。

（2）根据不同来源，函数分为 4 种类别：内置函数、扩展函数、自定义函数、宏表函数。

2. 函数的结构

（1）函数通常由"="、函数名称、左括号、以半角逗号间隔的参数、右括号构成。

（2）公式中允许使用多个函数或计算公式，通过运算符进行连接。

（3）函数允许使用多个参数或不使用参数。

（4）函数的参数可以是数值、日期、文本等，也可以是常量、数组、单元格引用或其他函数。

（5）当使用其他函数作为函数参数时，称为函数的嵌套。

3. 输入函数

利用函数计算工资合计，设置为数值型，保留 2 位小数。

第一步：打开"工资明细表"工作簿，选中 I3 单元格，单击编辑栏左侧的插入函数按钮 f_x，在弹出的图 2-22 所示的"插入函数"对话框中，选择常用函数 SUM，单击"确定"按钮。

第二步：单击"函数参数"对话框数值右侧的按钮。

第三步：用鼠标拖选需要求和的单元格区域 D3:E3，单击"确定"按钮，如图 2-23 所示。

第四步：用填充柄向下填充，完成工资合计的计算。

图 2-22 "插入函数"对话框

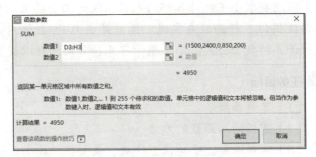

图 2-23 设置函数参数

提示：

（1）如果在常用函数列找不到所需函数，可选择全部函数寻找。选择函数后，列表下方显示函数的表达式和简要说明，以供参考。

（2）可直接在编辑栏输入公式、函数和参数。输入时各种运算符号均为英文格式。

（3）利用"公式"选项卡的各种函数命令也能快捷地选择函数。

（4）利用"开始"选项卡中的"求和（下拉）"命令也可快捷地选择函数。

4. 常用函数

WPS 表格内置函数有数百种，经常使用的函数主要有以下几类。

1）常用函数

（1）求和函数 SUM（参数 1，参数 2，…）：参数可以是单元格区域或数值。对各参数或参数区域求和，参数间用英文逗号分隔。

（2）平均值函数 AVERAGE（参数 1，参数 2，…）：求各参数的算术平均值。

（3）最大值函数 MAX（参数 1，参数 2，…）：求参数区域内的最大值。

（4）最小值函数 MIN（参数 1，参数 2，…）：求参数区域内的最小值。

2）条件函数 IF（逻辑表达式，表达式 1，表达式 2）

如果"逻辑表达式"结果为真，函数值为"表达式 1"的值，否则为"表达式 2"的值。表达式可以是数值，也可以是单元格引用。

3）统计函数

（1）COUNT（参数 1，参数 2，…）：求各参数区域内数值型数据的个数。

（2）COUNTA（参数 1，参数 2，…）：求各参数区域内"非空"单元格个数。

（3）COUNTIF（条件数据区，逻辑表达式）：求条件数据区内满足"逻辑表达式"的单元格个数。

（4）COUNTIFS（条件数据区 1，逻辑表达式 1，条件数据区 2，逻辑表达式 2，…）：求条件数据区 1 内满足"逻辑表达式 1"的单元格且条件数据区 2 内满足"逻辑表达式 2"的单元格个数。

（5）RANK.EQ（数据，某列数据，排序原则）：求数据在某列数据中相对于其他数值的大小排名，排序原则用数值表示：0 或空白表示降序，其他值表示升序。WPS 表格新增加了 RANK.AVG 函数，目的是提高重复值的排名精确度，如果多个数据排名相同，返回平均值排名。RANK.EQ 函数排名相同时，采用相同排名。RANK.EQ 函数的用法和 RANK 函数相同。

（6）AVERAGEIF（条件数据区，逻辑表达式［，求平均值数据区］）：在"条件数据区"查找满足"逻辑表达式"的单元格，计算与之对应的"求平均值数据区"中数据的平均值。如果"求平均值数据区"和"条件数据区"相同，则"求平均值数据区"可省略。

4）数学和三角函数

SUMIF（条件数据区，逻辑表达式［，求和数据区］）：在"条件数据区"查找满足"逻辑表达式"的单元格，计算与之对应的"求和数据区"中数据的累加和。如果"求和数据区"和"条件数据区"相同，则"求和数据区"可省略。

5）查找与引用函数

VLOOKUP（查找值，数据表，序列数，［匹配条件］）：求"查找值"在"数据表"首列数据的行序号，返回序列数值定列该行的单元格的值，"［匹配条件］"用数值表示：0 或空白表示精确查找，其他值表示模糊查找。如果返回列数大于“查找数据区”的列数，或者找不到，返回错误值 #REF!。

任务实施

打开“工资明细表”工作簿，选中“函数”工作表，如图 2–24 所示。

（1）用 RANK.EQ 函数求员工工资排名；

（2）用 COUNTIF 函数统计各部门人数；

（3）用 SUMIF 函数统计各部门工资总和；

（4）用 COUNTIFS 函数统计财务部绩效大于 2 500 元的人数；

（5）用 VLOOKUP 函数求员工“张正”本月工资。

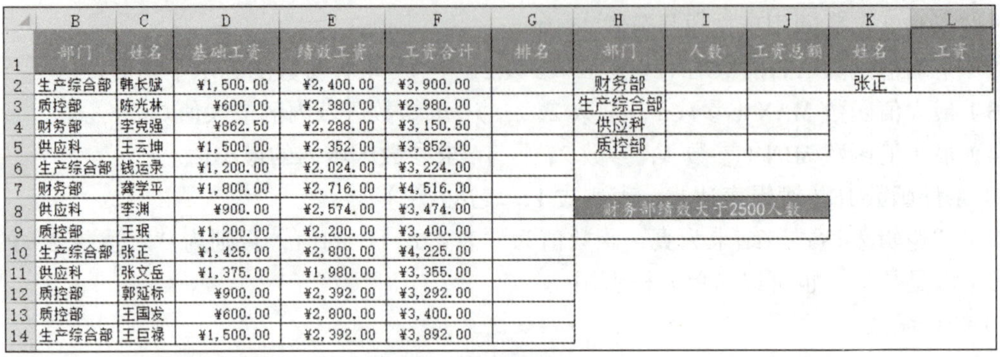

	B	C	D	E	F	G	H	I	J	K	L
1	部门	姓名	基础工资	绩效工资	工资合计	排名	部门	人数	工资总额	姓名	工资
2	生产综合部	韩长赋	¥1,500.00	¥2,400.00	¥3,900.00		财务部			张正	
3	质控部	陈光林	¥600.00	¥2,380.00	¥2,980.00		生产综合部				
4	财务部	李克强	¥862.50	¥2,288.00	¥3,150.50		供应科				
5	供应科	王云坤	¥1,500.00	¥2,352.00	¥3,852.00		质控部				
6	生产综合部	钱运录	¥1,200.00	¥2,024.00	¥3,224.00						
7	财务部	龚学平	¥1,800.00	¥2,716.00	¥4,516.00						
8	供应科	李渊	¥900.00	¥2,574.00	¥3,474.00		财务部绩效大于2500人数				
9	质控部	王珉	¥1,200.00	¥2,200.00	¥3,400.00						
10	生产综合部	张正	¥1,425.00	¥2,800.00	¥4,225.00						
11	供应科	张文岳	¥1,375.00	¥1,980.00	¥3,355.00						
12	质控部	郭延标	¥900.00	¥2,392.00	¥3,292.00						
13	质控部	王国发	¥600.00	¥2,800.00	¥3,400.00						
14	生产综合部	王巨禄	¥1,500.00	¥2,392.00	¥3,892.00						

图 2–24　“函数”工作表

第一步：用 RANK.EQ 函数求员工工资排名。

（1）选中 G2 单元格，单击编辑栏的“fx”按钮，或选择“公式”→“其他函数”→“统计函数”选项，弹出“插入函数”对话框。

（2）在“统计函数”或“全部函数”类别中选择 RANK.EQ 函数，单击“确定”按钮。

（3）单击“数值”后的按钮，在工作表中选择 F2 单元格（参加排名的对象）。

（4）单击“引用”后的按钮，选择 F2 : F14 单元格区域（这是参与排名的数据区域），按 F4 键，设置单元格绝对引用（无论哪个员工都与该区域进行排名，范围应该固定不变，所以采用单元格绝对引用）。

（5）在“排位方式”后输入“0”或保留空白，表示降序排名，高分名次靠前，如图 2–25 所示，单击“确定”按钮。

（6）向下拖动填充柄，计算所有员工工资排名。

图 2–25　RAND.EQ 函数参数

第二步：用 COUNTIF 函数统计各部门人数。

（1）选中 I2 单元格，选择“公式”→“其他函数”→“统计函数”选项，弹出“插入函数”对话框。

（2）在“全部函数”类别中选择 COUNTIF 函数，单击“确定”按钮。

（3）单击“区域”后的按钮，选择 B2:B14 单元格区域（这是待统计的条件数据区域），

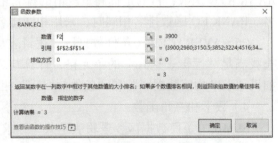

按 F4 键设置单元格绝对引用（无论统计哪个部门人数都要使用该数据区域，该数据区域固定不变，所以设置为单元格绝对引用）。

（4）在"条件"后输入"H2"（根据 H2 单元格内容进行统计），如图 2-26 所示，单击"确定"按钮。

（5）向下拖动填充柄，统计各部门员工人数。

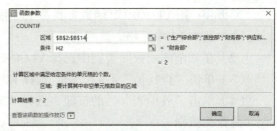

图 2-26　COUNTIF 函数参数设置

第三步： 用 SUMIF 函数统计各部门工资总和。

（1）选中 J2 单元格，选择"公式"→"数学与三角函数"选项。

（2）在"全部函数"类别中选择 SUMIF 函数，单击"确定"按钮。

（3）单击"区域"后的按钮，选择 B2:B14 单元格区域（这是待统计的条件数据区域），按 F4 键设置为单元格绝对引用（无论统计哪个部门工资总和都要使用该数据区域，该数据区域固定不变，所以设置为单元格绝对引用）。

（4）在"条件"后输入"H2"（根据 H2 单元格内容进行统计）。

（5）单击"求和区域"后的按钮，选择 F2:F14 单元格区域（这是需要求和的数据区域），按 F4 键设置为单元格绝对引用（无论哪个部门求工资总和都使用该数据区域，该数据区域固定不变，所以设置为单元格绝对引用），如图 2-27 所示。

（6）单击"确定"按钮。

（7）向下拖动填充柄，统计各部门员工资总和。

第四步： 用 COUNTIFS 函数统计选择财务部绩效大于 2 500 元的人数。

（1）选中 I9 单元格，选择"公式"→"其他函数"→"统计函数"选项。

（2）在"全部函数"类别中选择 COUNTIFS 函数，单击"确定"按钮。

（3）单击区域 1 后按钮，选择 B2:B14 单元格区域（这是待统计的条件数据区域 1）。

（4）在"条件 1"后输入"财务部"（要根据财务部进行统计）。

（5）单击"区域 2"后的按钮，选择 E2:E14 单元格区域（这是待统计的条件数据区域 2）。

（6）在"条件 2"后输入">2500"（表示统计绩效工资大于 2 500 元的人数，用英文符号输入），如图 2-28 所示。

（7）单击"确定"按钮，完成财务部绩效工资大于 2 500 元的人数统计。

图 2-27　SUMIF 函数参数设置

图 2-28　COUNTIFS 函数参数设置

第五步： 用 VLOOKUP 函数查找员工"张正"本月工资。

（1）选中 L2 单元格，选择"公式"→"查找与引用函数"选项。

（2）在"全部函数"类别中选择 VLOOKUP 函数，单击"确定"按钮。

（3）单击"查找值"后的按钮，选择 K2 单元格（这是待查找数据单元格）。

（4）单击"数据表"后的按钮，选择 C2:F14 单元格区域（这是查找数据区域，首列必须包含待查找数据）。

（5）在"列序数"后输入"4"（要返回的是查找数据区域第 4 列的工资数据）。

（6）在"匹配条件"后输入"0"（采用精确查找），如图 2-29 所示。

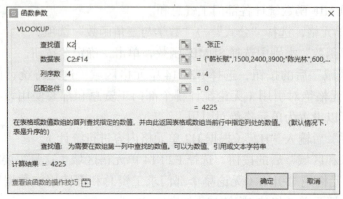

图 2-29 VLOOKUP 函数参数设置

（7）单击"确定"按钮，完成员工"张正"本月工资的查找。

图 2-30 所示为最终结果。

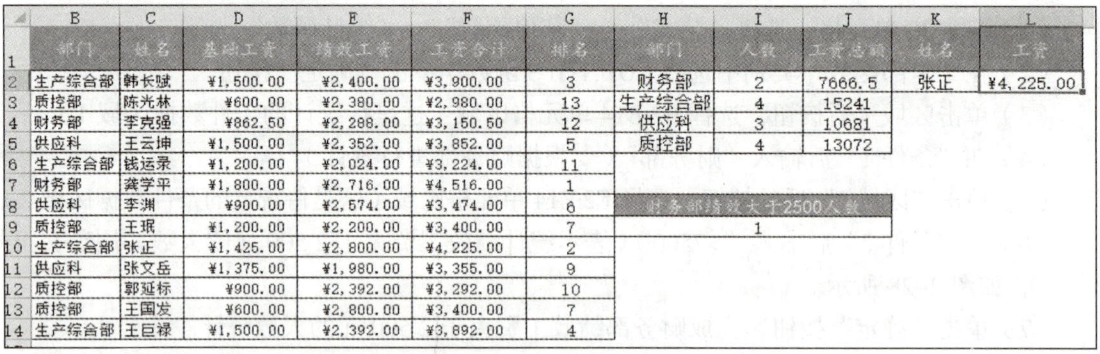

图 2-30 最终结果

输入函数和公式时要注意以下几点：

（1）可以在编辑栏直接输入公式和函数。

（2）在"函数参数"对话框中也可直接输入参数。

（3）输入时要注意各种运算符号、标点符号均为英文格式。

（4）注意默认参数是否正确。

（5）选择工作表的单元格引用尽量用鼠标选择，减少输入，以减少错误。

（6）注意单元格引用方式的选择。

（7）VLOOKUP 函数可查找其他工作表的数据。

项目 2.2 公式函数显威风

任务总结

在本任务中,我们跟着小王一起学习了函数的使用方法。函数是 WPS 表格中最难却最有魅力的部分,WPS 表格提供了几百种函数,只要掌握其中很少一部分就能提高工作效率,达到事半功倍的效果。常用函数和查找函数 VLOOKUP 是使用频率非常高的函数。还有些非常有用的函数,可以根据需要进行自学。

项目评价

项目 2.2 评价(标准)表见表 2-2。

表 2-2 项目 2.2 评价(标准)表

项目	学习内容	评价 (是否掌握)	评价依据
任务 2.2.1 认识公式	理解公式		课外作业
	输入公式		课上理解观察、案例操作
任务 2.2.2 认识单元格引用	单元格引用		课上理解观察、案例操作
任务 2.2.3 认识函数	函数的结构		课外作业
	常用函数的使用方法		课上理解观察、案例操作
	条件函数 IF 的使用方法		课上理解观察、案例操作
	统计函数的使用方法		课上理解观察、案例操作
	数学和三角函数 SUMIF 的使用方法		课上理解观察、案例操作
	查找引用函数 VLOOKUP 的使用方法		课上理解观察、案例操作
技术应用	软件使用和操作过程规范,能使用快捷键		课上练习观察
效果转化	能将所学应用到课外任务中,并拓展掌握更多操作		课外作业

项目小结

在本项目中，我们跟着小王一起学习了 WPS 表格中几个常见且非常重要的公式函数。过程中需要了解公式和函数的意义，掌握几种常用函数的使用方法，理解并能正确选择单元格引用。本项目中比较难掌握的是 VLOOKUP 函数和 SUMIF 函数的应用。

WPS 表格中有几百种函数，可以根据不同需求，学习对应函数的使用方法，提高办公效率。

练习与思考

1. 对于横向数据表可使用 VLOOKUP 函数查询吗？
2. 需要查找的数据不在首列时可以使用什么函数查询？
3. 希望按班级统计学生人数，需要使用（　　）函数。
4. 打开"期中成绩表"工作簿，如图 2-31 所示。完成以下计算：

（1）计算总分；

（2）计算平均分；

（3）统计某学生不及格门数；

（4）根据姓名查找该学生总分和排名。

图 2-31　期中成绩表

项目 2.3

图表之美数据开口

情景再现

经理要在公司会议上介绍员工工资情况，用PPT直接展示数据表格效果不够直观，他希望采用图表展现各部门工资情况、去年和今年工资情况的比较等信息。经理让小王按要求提交图表，这次小王需要使用WPS表格提供的丰富实用的图表功能来完成此项工作。让我们跟着小王一起好好学习WPS表格的图表功能吧。

项目描述

利用已经经过计算处理的WPS数据怎样创建图表？怎样将两种类型的图表进行组合？为了制作图表，小王首先要了解图表类型，认识构成图表的基本元素，然后学习图表的创建和设置方法，最后小王还要学习如何将两种不同类型的图表组合成高级图表。

项目目标

（1）认识图表类型。
（2）理解图表元素。
（3）掌握创建图表的方法。
（4）掌握编辑及修饰图表的方法。
（5）掌握组合图表制作方法。

知识地图

项目2.3知识地图如图2-32所示。

图2-32 项目2.3知识地图

任务 2.3.1 使用简单图表

任务描述

小王依据工资明细表中的数据制作图表。首先他需要了解图表构成,然后学习图表制作的步骤,进一步修改图表。

任务目标

(1)了解图表类型。
(2)理解图表构成。
(3)掌握创建图表的操作步骤。
(4)掌握图表修改方法。

知识准备

1. 图表类型

图表是图形化的数据,是 WPS 表格的重要组成部分,具有直观形象、种类丰富、实时更新等特点。WPS 表格提供了 9 种标准的图表类型,每种类型的图表都可以进行变换和组合。

常用的图表类型有:柱形图、折线图、饼图、条形图、面积图、XY 散点图、雷达图、股价图、组合图。

2. 图表构成

图表主要由以下几个元素构成:

(1)图表标题:描述图表名称。
(2)坐标轴:包括 X 轴和 Y 轴,由坐标轴标题、刻度及坐标轴标签组成。
(3)图例:由图例项和图例文本组成,可对数据系列的主要内容进行说明。
(4)绘图区:以坐标轴为界的区域构成绘图区。
(5)数据系列:一个数据系列对应工作表数据区的一行或一列数据。数据系列对应绘图区域彩色的点、线或面等图形。

3. 创建图表的步骤

(1)选择数据:选择制作图表的数据区域。
(2)插入图表:执行"插入"→"全部图表"命令,选择图表类型。
(3)编辑图表:输入图表标题、坐标轴标题。
(4)修饰图表:设置图表元素。

使用图表区域右侧的图表元素按钮设置图表元素:坐标轴、图表标题、轴标题、图例、数据标签、数据表、网格线等元素。选择下拉菜单中的"更多选择"选项可打开相应格式对话框进行设置。

(5)修改图表数据源。

用鼠标右键单击图表,在弹出的菜单中选择"选择数据"命令,弹出图 2-33 所示"编辑数据源"对话框,

根据需要可重新选择数据区域。

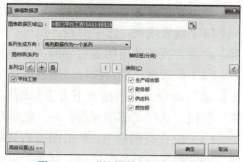

图 2-33 "编辑数据源"对话框

任务实施

第一步: 创建图表。

打开"工资明细表"工作簿,选中"部门平均工资"工作表,如图 2-34 所示,选择所需数据创建"簇状柱形图",突出显示平均工资低于 4 250 元的部门。

首先选择数据区 A1:B5,执行"插入"→"插入柱形图(下拉)"→"二维柱形图"→"簇状柱形图"命令或者执行"插入"→"全部图表"→"全部图表"命令,弹出图 2-35 所示"插入图表"对话框,在"柱形图"选项卡中选择"簇状柱形图",单击"确定"按钮。

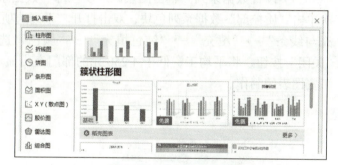

图 2-34 选择数据   图 2-35 选择图表类型

第二步: 编辑图表。

(1)设置标题:选中图表,执行"图表工具"→"添加元素"命令,或者单击图表右侧的"图表元素"按钮,选择"图表标题"→"图表上方"选项,如图 2-36 所示,将图表标题设置在图表上方。

(2)单击选中图表区域图标标题,删除原标题,输入"各部门平均工资"。设置字体为微软雅黑,字号为 20,加粗。

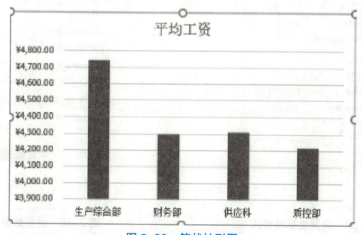

图 2-36 簇状柱形图

第三步：修饰图表。

（1）设置图例：选中图表，执行"图表工具"→"添加元素"→"图例（下拉）"→"顶部"命令，或者单击图表右侧的"图表元素"按钮，同样可将图例设置于图表顶部。

（2）设置横坐标：执行"图表工具"→"添加元素"→"轴标题（下拉）"→"主要横向坐标轴"命令，单击图表下方坐标轴标题，修改为"部门"。或者单击图表右侧的"图表元素"按钮，选择"添加元素"→"轴标题"选项，同样可实现操作。

（3）设置数据标签：单击图表右侧的"图表元素"按钮，选择"添加元素"→"数据标签"→"数据标签外"选项，图表中显示数据标签。

（4）设置坐标轴格式：双击纵坐标标签数据，打开图 2-37 所示"坐标轴选项"任务窗格，在"坐标轴选项"区域，设置"最小值"为"4150"，设置"最大值"为"4750"，在"单位"→"主要"后输入"150"，在"横坐标轴交叉"→"坐标轴值"后输入"4250"（横坐标上移与纵坐标轴交叉于 4250 处）。

（5）设置数据系列。单击图表区"质控部"数据系列色块，此时选中所有数据系列。再次单击"质控部"数据系列色块，双击打开"系列选项"对话框，如图 2-38 所示，选择"填充与线条"→"填充"→"纯色填充"→"颜色"选项，选择标准色中的"红色"，单击"关闭"按钮，将平均工资低于 4 250 元的部门突出显示，如图 2-39 所示，完成各部门平均工资图表的制作。

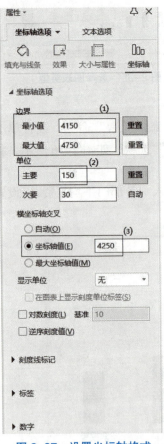

图 2-37　设置坐标轴格式

图 2-38　设置数据系列

项目 2.3 图表之美数据开口

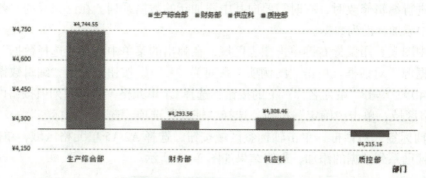

图 2-39 各部门平均工资图表

第四步：更改数据源。

用鼠标右键单击图表区域，在弹出的菜单中选择"选择数据"命令，打开"编辑数据源"对话框，可以进行列、行交换，添加数据系列，编辑数据系列，删除数据系列等操作。

任务总结

在本任务中，我们跟着小王一起认识了图表，了解了图表构成，学习了如何选择所需数据创建图表和修改图表。关于更改数据源操作，可反复练习。后面介绍怎样将两种类型的图表进行组合，制作高级图表。

任务 2.3.2 使用高级图表

高级组合图表

任务描述

经理在分析公司财政状况时，想知道 2019 年和 2020 年两个年度各部门工资的比较情况，希望看到各部门工资变化趋势。这需要将不同类型的图表进行组合，属于高级图表制作。小王接到新任务后，立刻行动起来。首先他学习了如何更改图表类型，然后学习将两种图表组合起来的方法。

任务目标

（1）掌握更改图表类型的方法。
（2）掌握组合图表的制作方法。

知识准备

1. 更改图表类型

WPS 表格提供了八大类型的图表，每个大类里又有多个子图表类型。已创建完成的图表，可以方便地更改类型，也可以在一个图表中绘制两种以上的图表类型制作成组合图表。图表允许保存为图表模板，以减少图表的重复设置。以下操作可实现图表类型更改：

选中图表，用鼠标右键单击图表区域，在弹出的菜单中选择"更改图表类型"命令，弹出"更改图表类型"对话框，选择新图表类型，完成更改。

2. 添加数据系列

对图表进行编辑修改时，有时需要向其中添加新的数据系列。在已完成的"各部门平均工资"图表中添加辅助列数据。

首先选中图表，用鼠标右键单击图表区域，在弹出的菜单中选择"选择数据"命令，弹出"编辑数据源"对话框。单击"图例项（系列）"→"+"按钮，弹出"编辑数据系列"对话框（图 2-40），单击"系列名称"下的按钮，选择 C1 单元格，删除系列值按钮内容，选择 C2:C5 单元格区域，单击"确定"按钮。选择"辅助"选项，选择"轴标签"→"编辑"命令，打开"轴标签"对话框，单击轴标签区域按钮，选择 A2:A5 单元格区域，单击"确定"按钮，完成辅助系列数据的添加，最终结果如图 2-41 所示。

图 2-40 添加辅助数据系列

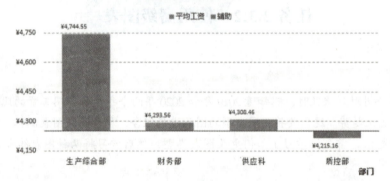

图 2-41 最终结果

任务实施

打开"工作明细表"工作簿中的"比较图表"工作表，如图 2-42 所示。小王要制作显示工资变化情况的比较图表，添加一列"差额"辅助数据，如图 2-43 所示。创建图 2-44 所示"2019—2020 年工资比较图"图表，并保存为模板。

部门	2019年	2020年
生产综合部	¥4,744.6	¥4,703.6
财务部	¥4,293.6	¥4,346.1
供应科	¥4,308.5	¥4,412.4
质控部	¥4,215.2	¥4,295.7

图 2-42 原数据表

部门	2019年	2020年	差额
生产综合部	¥4,744.6	¥4,703.6	¥-40.9
财务部	¥4,293.6	¥4,346.1	¥52.5
供应科	¥4,308.5	¥4,412.4	¥103.9
质控部	¥4,215.2	¥4,295.7	¥80.5

图 2-43 添加差额辅助数据后的数据表

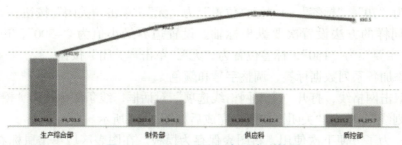

图 2-44 2019—2020 年工资比较图

第一步： 在"比较图表"工作表中添加一列"差额"辅助数据。单击 D1 单元格，输入"差额"；单击 D2 单元格输入公式"=C2–B2"；向下复制公式，计算出两年工资差额，完成在 D1：D5 单元格区域添加"差额"辅助列数据的操作。

第二步： 选择 2019 年、2020 年两年数据完成簇状柱形图。拖选 A1:C5 单元格区域，插入簇状柱形图，图表标题为"2019—2020 年工资比较图"，图例置于图表顶端，坐标轴字号为 9，选择"图表工具"→"预设样式"→"样式 6"选项。

第三步： 在图表中添加"差额"系列数据。

第四步： 将"差额"系列更改为次坐标。选择"图表工具"→"图表筛选器"→"差额"系列，（或双击"差额"系列）在右侧打开"系列选项"对话框；选择"系列选项"→"系列绘制在"→"次坐标轴"选项，单击"关闭"按钮，效果如图 2-45 所示。

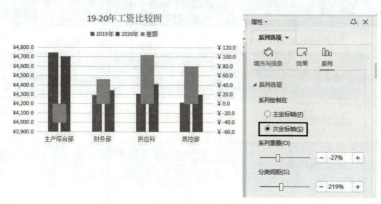

图 2-45 设置"差额"系列为次坐标

第五步： 将"差额"系列更改为折线图。单击选中次坐标"差额"系列，单击鼠标右键选择"更改系列图表类型"命令，打开图 2-46 所示的"更改图表类型"对话框，选择"组合图"选项，在"创建组合图表"区域选择"差额"→"带数据标记的折线图"选项，单击"插入"按钮。

第六步： 对图表进行修饰。单击"差额"系列或者选择"图表工具"→"图表元素"→"差额"系列，打开"系列选项"对话框，设置线条颜色和数据标记填充为"蓝色"。

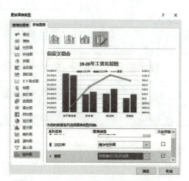

图 2-46 更改次坐标图表类型

第七步： 双击左侧主要纵坐标轴，打开"坐标轴选项"对话框，在"坐标轴"→"坐标轴选项"区域设置：边界最小值为"4100"，边界最大值为"5150"，单位"主要"为"350"，单位"次要"为"70"，"标签"→"标签位置"为"无"。单击"关闭"按钮。

第八步： 同样的方法设置次要纵坐标轴。设置边界最小值为"-300"，边界最大值为"150"，单位"主要"为"150"，标签位置为"无"，单击"关闭"按钮。

第九步： 添加各系列数据标签，调整字号和颜色。

第十步： 双击网格线，打开"主要网格线选项"对话框，线条颜色选择"橙色"，短划线类型选择"短划线"，单击"关闭"按钮。完成后如图2-44所示。

第十一步： 为了方便下次使用，将图表保存为模板。在图表区域单击鼠标右键，在弹出的菜单中选择"另存为模板…"命令，可将图表保存为模板文件（.ortx）。

任务总结

在本任务中，我们跟着小王一起学习了制作和保存高级图表、添加系列和设置次坐标的操作。高级图表在实际工作中应用较多，结合函数和控件，还可以制作动态图表。这些图表经过修饰，可以直观又漂亮地呈现枯燥的数据表。

项目评价

项目2.3评价（标准）表见表2-3。

表2-3 项目2.3评价（标准）表

项目	学习内容	评价 （是否掌握）	评价依据
任务2.3.1 使用简单图表	图表构成元素		课外作业
	创建图表		课上理解观察、案例操作
	编辑和修饰图表		课上理解观察、案例操作
任务2.3.2 使用高级图表	更改图表类型		课上理解观察、案例操作
	设置次坐标轴		课上理解观察、案例操作
	制作组合图表		课上理解观察、案例操作
技术应用	软件使用和操作过程规范，有条理		课上练习观察
效果转化	能迁移应用到课外任务中，并拓展掌握更多操作		课外作业

项目 2.3 图表之美数据开口

项目小结

本项目要求了解图表的类型和构成、掌握图表的创建和修改方法。

组合图表是将两种及两种以上图表类型绘制在同一绘图区中的图表。其制作步骤是先将所有数据系列全部绘制为同一种图表类型,再选取要修改的数据系列,更改为另一种图表类型。

本项目难点:制作高级组合图表和设置次坐标轴。

练习与思考

1. 图表包含(　　)、(　　)等元素。
2. 打开"期中成绩表"工作簿,完成以下操作:
(1)计算各科平均分;
(2)创建各科成绩均分图,如图 2-47 所示。
(3)创建罗雨欣成绩与班级均分比较图,如图 2-48 所示。

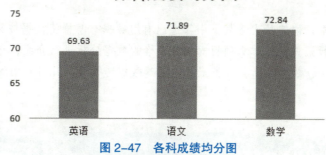

图 2-47　各科成绩均分图

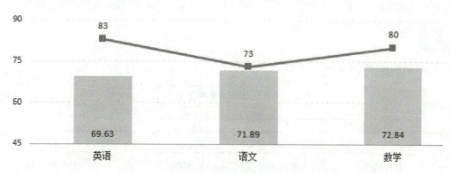

图 2-48　罗雨欣成绩与班级均分比较图

项目 2.4 数据分析职场必备

情景再现

小王最近经常加班，因为经理不断提出各种报表需求让他尽快满足，比如经理急需工资收入最高的5名员工数据、各部门工资平均值和合计值、所有姓张的员工数据……。由于小王使用WPS表格不熟练，时常要花费很多时间才能完成工作，所以小王下决心好好研究WPS表格的数据分析功能，提高办事效率。

项目描述

怎样根据不同需求，快速从大量数据中筛选出有用数据？怎样将数据按某种条件排序？怎样将数据按某项数据进行汇总计算？本项目对WPS表格的数据分析进行介绍，帮助小王理解数据分析方法，掌握数据排序、数据筛选、分类汇总、创建数据透视表等几种常用的数据分析操作。

项目目标

（1）掌握数据排序操作。
（2）掌握数据筛选和高级筛选操作。
（3）掌握分类汇总操作。
（4）熟练掌握创建数据透视表操作。

知识地图

项目2.4知识地图如图2-49所示。

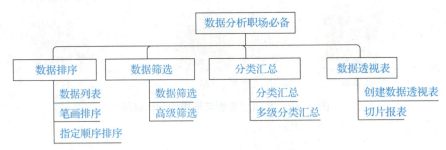

图2-49 项目2.4知识地图

任务 2.4.1 数据排序

任务描述

根据工资明细表，如何快速按员工姓名笔画重新排序？如何按员工收入高低排序？如何按指定部门顺序排序？让我们和小王一起学习数据排序的方法。

任务目标

（1）理解数据列表的概念。

（2）理解数据排序规则。

（3）熟练掌握数据排序操作。

知识准备

1. 数据列表

WPS 表格的数据列表是多行和多列数据的有组织集合，通常由位于顶部的字段标题和多行数值或文本数据行构成，如图 2–50 所示。数据可以是文本、数值、日期等不同类型，也包括利用函数公式计算得到的数据。在数据列表中，列通常称为字段，行称为记录。数据列表具有以下特点：

	A	B	C	D	E	F	G	H	I	J	K	L	M
1	员工编号	部门	姓名	性别	基础工资	绩效工资	通讯补助	工龄工资	加班费	个人所得税	住宿费	养老保险	工资合计
2	A005	财务部	李贵强	男	¥3,562.50	¥2,288.00	¥100.00	¥700.00		¥90.05		¥300.00	¥6,260.50
3	A012	生产综合部	王巨禄	男	¥4,200.00	¥2,392.00		¥800.00		¥164.20	¥100.00	¥300.00	¥6,827.80
4	A013	质控部	郭延标	男	¥3,600.00	¥2,392.00		¥800.00		¥104.20		¥100.00	¥6,587.80
5	A001	供应科	张文岳	女	¥4,075.00	¥1,980.00	¥200.00	¥650.00		¥115.50		¥300.00	¥6,489.50
6	A014	生产综合部	张正	女	¥4,125.00	¥2,800.00		¥600.00		¥178.75		¥300.00	¥7,046.30
7	A017	财务部	李建国	男	¥3,600.00	¥1,744.00	¥200.00	¥850.00	¥350.00	¥99.40	¥350.00	¥600.00	¥5,694.60
8	A018	财务部	徐秀春	女	¥4,313.00	¥2,392.00		¥750.00		¥170.50		¥600.00	¥6,684.50
9	A002	生产综合部	韩长斌	男	¥4,200.00	¥2,400.00		¥850.00	¥200.00	¥197.50		¥300.00	¥7,152.50
10	A006	供应科	王云坤	女	¥4,200.00	¥2,352.00		¥700.00	¥381.67	¥195.05		¥300.00	¥7,138.70
11	A009	供应科	李渊	女	¥3,600.00	¥2,574.00		¥800.00		¥122.40	¥100.00	¥300.00	¥6,451.60
12	A016	财务部	韩正	女	¥3,900.00	¥1,936.00		¥650.00		¥73.60		¥600.00	¥5,812.40
13	A011	质控部	王国发	男	¥3,300.00	¥2,800.00		¥600.00		¥95.00		¥450.00	¥6,155.00
14	A010	质控部	王琨	女	¥3,900.00	¥2,200.00	¥200.00	¥550.00	¥194.42	¥129.44		¥450.00	¥6,465.00
15	A007	生产综合部	姚远录	男	¥3,900.00	¥2,024.00		¥550.00		¥72.40		¥450.00	¥5,951.60
16	A008	财务部	龚学平	女	¥4,500.00	¥2,716.00		¥650.00		¥229.90		¥450.00	¥7,186.10
17	A017	质控部	陈文林	女	¥3,300.00	¥2,380.00		¥550.00		¥48.00	¥100.00	¥450.00	¥5,632.00
18	A003	供应科	张左己	男	¥3,400.00	¥1,570.00		¥300.00	¥204.00			¥500.00	¥4,974.00
19	A004	供应科	陈秀林	男	¥3,600.00	¥2,380.00	¥100.00	¥500.00	¥435.00	¥126.50		¥400.00	¥6,488.50

图 2–50 数据列表

（1）每列数据的类型必须相同。

（2）列表的第一行是标题，用于描述下面数据列的内容。

（3）同一列表中不能出现重复标题。

（4）数据列表不能超过 16 384 列，不能超过 65536 行。

2. 数据排序的规则

数据排序是按照一定的规则对数据列表进行重新排列，目的是方便浏览和进一步处理。数据排序的常用规则有两种：升序和降序。在日常工作中，经常会遇到按学生的成绩排序、按工资排序、按姓名排序、按部门排序等特殊情况。其中成绩、工资是数值型数据，排序的原则是比较数值的大小进行排序。对姓名和部门等非数值型信息进行排序时，WPS表格有特定的规则。

（1）数值型数据：由最小负数到最大正数排列。

（2）文本和数字型文本：按0~9，A~Z，a~z的顺序进行排列。其中英文字母可选择是否区分大小写，默认情况是不区分大小写。

（3）逻辑型数值：FALSE在前，TRUE在后。

（4）空格排列在最后。

3. 数据排序操作步骤

（1）选中需要排序的数据区域（所有列）或选中数据区内任意单元格。

（2）执行"数据"→"排序"命令或"开始"→"排序"命令，或单击鼠标右键，在弹出的菜单中选择"排序"命令。通过打开的对话框进行排序设置。

任务实施

打开"工资明细表"工作簿中的"工资明细表"工作表，完成以下排序：

（1）按工资合计降序排序；

（2）按部门和工资合计降序排序；

（3）按姓名笔画排序；

（4）按指定部门顺序排序：生产综合部、供应科、质控部、财务部；

（5）按部门名称字数排序。

第一步：打开"工资明细表"工作簿中的"工资明细表"工作表。单击数据区域中任意单元格，执行"数据"→"排序"→"自定义排序"命令。

第二步：在图2-51所示"排序"对话框中"主要关键字"下拉列表中选择"工资合计"选项，在"次序"下拉列表中选择"降序"选项。

第三步：单击"确定"按钮，完成按工资合计降序排序。

第四步：按"Ctrl+Z"组合键撤销。用同样的方法打开"排序"对话框，"主要关键字"选择"部门"，"次序"选择"降序"，单击"添加条件"按钮，"次要关键字"选择"工资合计"，"次序"选择"降序"，如图2-52所示。

图2-51 "排序"对话框

图2-52 添加次要关键字

第五步：单击"确定"按钮，完成按部门和工资合计降序排序。

第六步：撤销，再次打开"排序"对话框，"主要关键字"选择"姓名"，单击"选项"按钮，打开"排序选项"对话框。选择"方式"区域的"笔画排序"选项，如图2-53所示，单击"确定"按钮，完成按姓名笔画排序。

第七步：撤销，再次打开"排序"对话框，"主要关键字"选择"部门"，"次序"选

"自定义序列"。在图 2-54 所示"自定义序列"对话框中"输入序列"框中输入"财务部",按 Enter 确定。

图 2-53 按姓名笔画排序

图 2-54 按自定义序列排序

第八步:用同样的方法依次输入"生产综合部""供应科""质控部",单击"确定"按钮。完成按指定部门顺序排序。

第九步:撤销。单击 N1 单元格输入"辅助",单击 N2 单击格输入公式"=LEN(B2)"(计算部门单元格字符长度)。利用填充柄向下填充。打开"排序"对话框,"主要关键字"选择"辅助","次序"选择"升序",单击"确定"按钮,完成按部门名称字数排序。

任务总结

在本任务中,我们跟着小王一起认识了数据列表,理解了排序的规则,掌握了 5 种排序操作方法。"排序"对话框可以指定多达 64 个排序条件,还可以按单元格背景颜色和字体颜色排序,甚至可以按单元格内的图标排序。

任务 2.4.2 数据筛选

任务描述

经理管理数据表时,经常需要根据某些条件筛选出匹配的数据。如何快速找出当月工资最高的 3 名员工?如何找出所有姓王的员工信息?如何快速找出供应科绩效工资大于 2000 元的员工?小王可以用 WPS 表格提供的筛选功能来实现,让我们跟着小王一起学习筛选及高级筛选的操作技巧。

任务目标

(1)了解筛选和高级筛选。
(2)掌握筛选的操作步骤。
(3)掌握对数据列表使用筛选和高级筛选,显示符合条件的数据的方法。

知识准备

1. 数据筛选的概念

筛选数据列表是只显示符合用户指定的特定条件的行,隐藏其他行。WPS 表格提供了两种筛选数据的命令：

（1）筛选：适用于简单的筛选条件。

（2）高级筛选：适用于复杂的筛选条件。

2. 数据筛选的操作步骤

（1）选中需要筛选的数据区域（所有列）或选中数据区域内任意单元格。

（2）执行"数据"→"筛选"命令。

（3）选择出现在标题行的倒三角记号进行筛选设置。

3. 高级筛选的操作步骤

（1）选择空白区域，输入高级筛选条件。

（2）选中需要筛选的数据区域（所有列）或选中数据区内任意单元格。

（3）执行"开始"→"筛选（下拉）"→"高级筛选"命令，打开"高级筛选"对话框进行设置。

4. 高级筛选的条件关系

当高级筛选条件有两个或两个以上时，条件的关系有两种情况："与"关系和"或"关系。

例如：筛选供应科工绩效工资超过 2000 元的员工。筛选条件一为"供应科"，筛选条件二为"绩效工资超过 2000 元"，要求筛选出两个条件都符合的数据。这是典型的"与"关系。构建条件时，必须让条件显示在同一行内。

如果"筛选工资小于 4000 元或超过 5000 元的员工"，筛选条件一为"工资小于 4000 元"，筛选条件二为"工资大于 5000 元"，两个条件只要符合一个就可以，这是典型的"或"关系，构建条件时条件不能出现在同一行内，要分行输入。

任务实施

第一步：筛选数据。

打开"工资明细表"工作簿中的"工资明细表"工作表，完成以下数据筛选：

（1）筛选出部门为"供应科"的全部员工数据；

（2）筛选出本月工资最高的 3 名员工数据；

（3）筛选出本月工资为 4000~5000 元的员工数据；

（4）筛选出所有姓王的员工数据。

操作步骤如下：

（1）单击数据区域任意单元格，选择"数据"→"筛选"选项，此时标题中自动出现下拉按钮。

（2）单击"部门"右侧下拉按钮，取消"全选"复选框的勾选，选择"供应科"选项，单击"确定"按钮，工作表就筛选出部门为供应科的全部员工数据。

（3）选择"数据"→"全部显示"命令，清除筛选结果。单击"工资合计"右侧下拉按钮，在列表中选择"前 10 项"选项。

（4）在"自动筛选前 10 个"对话框中，将"10"改为"3"，如图 2-55 所示。单击"确定"按钮，工作表筛选出本月工资最高的 3 名员工数据。

（5）撤销排序。单击"工资合计"右侧下拉按钮，在

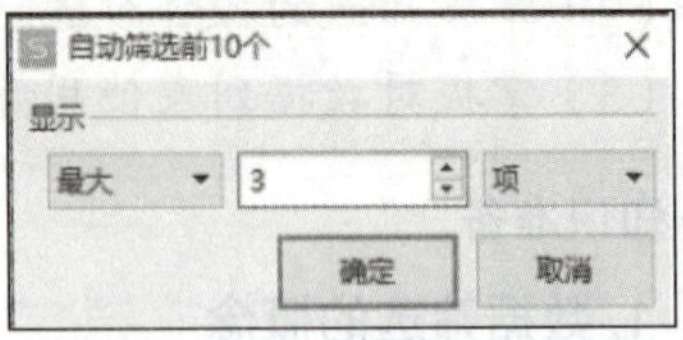

图 2-55 筛选工资最高的 3 名员工数据

列表中“数字筛选”下单击“介于”。

（6）打开“自定义自动筛选方式”对话框，在“工资合计”区域“大于或等于”右侧输入“4000”，在“小于或等于”右侧输入“5000”，如图 2–56 所示。单击“确定”按钮，工作表筛选出本月工资为 4000~5000 元的员工数据。

（7）单击“全部显示”按钮，清除筛选。单击“姓名”右侧下拉按钮，在列表中“文本筛选”下单击“开头是（I）”按钮。在“自定义自动筛选方式”对话框中“开头是”右侧输入“王”，如图 2–57 所示。单击“确定”按钮，工作表筛选出所有姓王的员工数据。

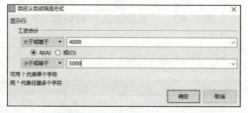

图 2–56　筛选本月工资为 4000~5000 元的员工数据

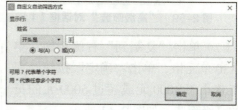

图 2–57　筛选姓王的员工数据

第二步： 高级筛选。

打开“工资明细表”工作簿中的“工资明细表”工作表，完成以下高级筛选：

（1）筛选供应科绩效工资超过 2000 元的员工数据；

（2）筛选工资小于 4000 元或超过 5000 元的员工数据。

操作步骤如下：

（1）选中第 1~3 行，单击鼠标右键，在弹出的菜单中选择“插入”命令，在数据区域上方插入 3 行空行（条件区域可使用数据列表顶部或右侧空白区域）；或直接在左侧标签处单击鼠标右键，输入“3”，可插入 3 行。

（2）建立条件区。在数据区域 B1:F2 依次输入筛选条件：“部门”“绩效工资”“供应科”“>2000”，如图 2–58 所示（“与”关系，条件要显示在同一行，符号使用英文格式）。

部门	绩效工资
供应科	>2000

员工代码	部门	姓名	性别	基础工资	绩效工资
A006	供应科	王云坤	女	¥2,200.00	¥2,352.00
A009	供应科	李渊	女	¥1,600.00	¥2,574.00
A004	供应科	陈光林	男	¥1,600.00	¥2,380.00

图 2–58　设置条件区域

（3）进行“与”条件的高级筛选。单击数据区域任意单元格，执行“开始”→“筛选”→“高级筛选”命令。

（4）在图 2–59 所示“高级筛选”对话框中，在“方式”区域选择“在原有区域显示筛选结果”选项。单击“条件区域”右侧按钮，拖选 B1:F2 条件区域，单击“确定”按钮，完成供应科绩效工资超过 2000 元的员工的高级筛选。

（5）撤销高级筛选操作，恢复数据。建立“或”条件区域。在 M1:M3 单元格区域依次输入筛选条件：“工资合计”“<4000”“>5000”（“或”条件显示在不同行，符号用英文格式）。

（6）进行“或”条件的高级筛选。同样的方法打开“高级筛选”对话框，在“方式”区域选择“将筛选结果复制到其他位置”选项，如图 2–60 所示。单击“条件区域”右侧按钮，拖选 M1:M3 条件区域。

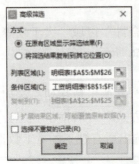

图 2-59 "高级筛选"对话框（1）

图 2-60 "高级筛选"对话框（2）

（7）单击"复制到"右侧按钮，单击 A30 单元格，单击"确定"按钮，完成工资小于 4000 元或超过 5000 元的员工的高级筛选，如图 2-61 所示。

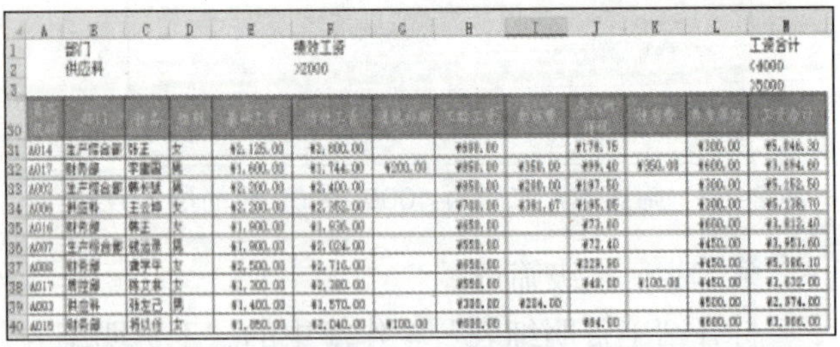

任务总结

在本任务中，我们跟着小王学习了筛选和高级筛选的操作，理解了高级筛选中"与"和"或"两种关系，并能在高级筛选正确选择。

图 2-61 工资小于 4000 元或超过 5000 元的条件设置

任务 2.4.3 分类汇总

任务描述

小王发现经理时常需要数据列表中某类数据的情况，比如各部门工资平均值、各部门不同性别员工绩效工资平均值等。但是工资明细表中各部门员工数据混杂在一起，不容易快速得到结果。分类汇总功能可以快速解决这类问题。

分类汇总是对工作表中数据内容先进行分类（排序），然后将同类相关信息进行统计，如求和、计数、平均值、最大值、最小值、乘积等。

任务目标

（1）理解分类汇总方式。
（2）掌握分类汇总操作。
（3）理解数据分级显示。
（4）掌握多级分类汇总操作。

知识准备

1. 分类汇总操作步骤

（1）对数据列表进行相关字段排序（一定要对分类字段进行排序，这样完成的分类汇总才有意义）。

（2）选择汇总数据区域。
（3）通过执行"数据"→"分类汇总"命令进行分类汇总。
（4）设置分类汇总数据。

2. 分类汇总的方式

求和、计数、平均值、最大值、最小值、乘积、数值计数、标准偏差、方差等。

3. 分级显示

分类汇总结果以分级显示，如图2-62所示。WPS表格的分级显示功能可将包含标题的数据列表进行组合和汇总，分级后会自动产生特定符号（加号、减号和数字），单击这些符号，可以显示或隐藏明细数据。

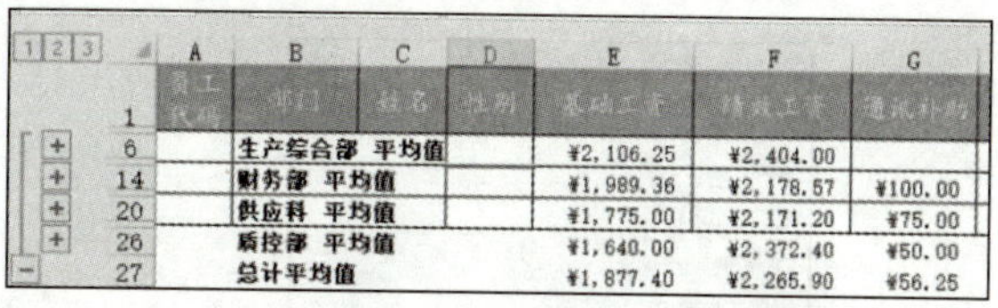

图2-62　分级显示

任务实施

打开"工资明细表"工作簿中的"工资明细表"工作表，完成以下分类汇总：
（1）各部门绩效工资平均值汇总；
（2）各部门不同性别员工绩效工资平均值汇总。

分析：进行分类汇总前要按分类字段进行排序。各部门不同性别员工绩效工资要进行两次分类汇总，首先按部门分类汇总，然后按性别分类汇总

（1）单击数据区域任意单元格，执行"数据"→"排序"→"自定义排序"命令（分类汇总时先进行排序）。
（2）在打开的"排序"对话框中，"主要关键字"选择"部门"，"次要关键字"选择"性别"，"次序"选择升序，单击"确定"按钮，将数据按同一部门不同性别员工集中排序。
（3）单击数据区域任意单元格，执行"数据"→"分类汇总"命令。
（4）在弹出的图2-63所示"分类汇总"对话框中，"分类字段"选择"部门"，"汇总方式"选择"平均值"，"选定汇总项"选择"绩效工资"。勾选"替换当前分数汇总"和"汇总结果显示在数据下方"复选框，单击"确定"按钮，完成各部门绩效工资平均值分类汇总，结果如图2-64所示。

图2-63　"分类汇总"对话框（1）

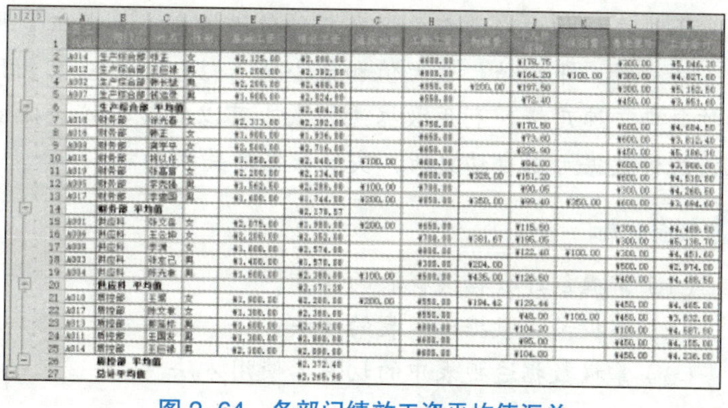

图2-64　各部门绩效工资平均值汇总

（5）单击数据区域任意单元格，再次打开图2-65所示"分类汇总"对话框。"分类字段"选择"性别"，"汇总方式"选择"平均值"，"选定汇总项"依然选择"绩效工资"。取

消"替换当前分类汇总"复选框的勾选,单击"确定"按钮,完成各部门不同性别员工绩效工资平均值汇总。

(6)单击左侧符号,观察分类汇总一级显示、二级显示结果,如图 2-66 所示。

图 2-65 "分类汇总"对话框(2)

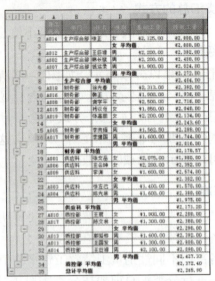

图 2-66 各部门不同性别员工绩效工资平均值汇总

任务总结

分类汇总必须先按分类字段对数据进行排序,然后进行分类汇总。汇总方式有求和、求平均值、计数等多种方式,分类汇总可以设置多级分类汇总以实现嵌套。

任务 2.4.4 数据透视表

数据透视表

任务描述

小王在工作中经常需要提交各种数据报表,如各工资段人数报表、各部门工资报表,包括工资合计、平均值、最大值和最小值等信息。这些报表利用排序和分类汇总可以实现,但操作复杂、速度慢。利用数据透视表,可以非常轻松快捷地实现此功能,而且随着源数据变化,统计数据可以自动更新,实现数据库关联功能。

任务目标

(1)掌握创建数据透视表的操作。
(2)掌握设置数据透视表的方法。
(3)掌握数据透视表中的切片器使用方法。

知识准备

1. 数据透视表

数据透视表是用来从 WPS 表格的工作表、关系型数据库的特殊字段中总结信息的分析工具。作为一种交互式报表，当数据量较大或者需要对源数据进行不同维度的分析时，可以利用数据透视表将源数据中任意标题元素作为分析维度进行数据的分析与统计。

数据透视表有机地综合了数据排序、筛选、分类汇总等数据分析的优点，可以方便地调整分类汇总方式，灵活地以多种不同方式展示数据。一张数据透视表仅靠鼠标移动字段位置，就可以变换出各种类型的报表。因此，数据透视表是最常用、功能最全的电子表格数据分析工具之一。

2. 数据透视表的用途

（1）能实现对大量数据的快速汇总；
（2）能建立交互式的交叉列表动态表格；
（3）能帮助用户分析、计算、组织数据；
（4）建好的数据透视表可随时重新调整，方便从不同角度查看数据；
（5）将复杂的数据转化为有价值的信息，以帮助研究和决策。

3. 数据透视表术语

（1）数据源：创建数据透视表的数据列表或数据集。
（2）列（列字段）：信息的种类，就是数据列表中的列，出现在结果数据区顶端。
（3）行（行字段）：在数据透视表中具有行方向的字段，出现在结果数据区左侧。
（4）∑值：数据透视表中间数据，可实现求和、计数等计算。
（5）筛选（页字段）：数据透视表中进行分页的字段。
（6）字段标题：描述字段内容的标志，可通过拖动字段标题对数据透视表进行透视。
（7）组：一组项目的集合，可以自动或手动为项目组合。
（8）透视：通过改变一个或多个字段的位置来重新安排数据透视表。
（9）汇总函数：计算表格中数据的值的函数，默认汇总函数为计数和求和。
（10）分类汇总：数据透视表可对行或列进行分类汇总。

任务实施

第一步：创建数据透视表。

打开"工资明细表"工作簿中的"工资明细表"工作表，创建数据透视表，完成以下信息报表：

（1）各部门员工工资报表；
（2）各工资段人数统计报表；
（3）各部门工资统计报表；
（4）各部门工资切片报表。

操作步骤如下：

（1）单击数据区域任意单元格，选择"数据"→"数据透视表"选项。在弹出的图 2-67 所示"创建数据透视表"对话框"请选择放置数据透视表的位置"区域选择"新工作表"选项，单击"确定"按钮。

（2）在新工作表"Sheet1"右侧，选择"数据透视表"→"字段列表"→"姓名"选项，按住鼠标左键不放

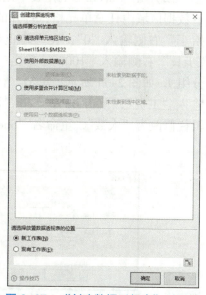

图 2-67 "创建数据透视表"对话框

拖拽到"数据透视表区域"中"行"处松开鼠标。拖动"部门"到"列"处；拖动"工资合计"到"Σ值"处。

（3）执行"计数项：工资合计"→"值字段设置"→"求和"命令，如图2-68所示。执行"设计"→"总计"→"仅对列启用"命令。重命名"Sheet1"工作表为"各部门员工工资报表"，完成各部门员工工资报表的创建，如图2-69所示。

图2-68 设置值字段汇总方式

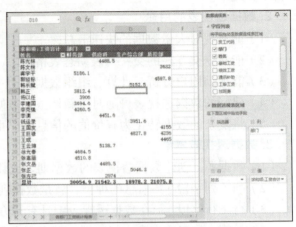

图2-69 各部门员工工资报表

第二步： 设置数据透视表。

（1）单击"工资明细表"工作表任意单元格，在新工作表中创建数据透视表。拖动"工资合计"至"行"处，再拖动"工资合计"至"Σ值"处，打开"求和项：工资合计"→"值字段设置"对话框，将汇总方式更改为"计数"，如图2-70所示。

（2）在"Sheet2"工作表中用鼠标右键单击"工资合计"下数据区域内任意单元格，打开的"组合"对话框，在"起始于"右侧输入"0"，在"终止于"右侧输入"6000"，在"步长"右侧输入"1000"，单击"确定"按钮（将各工资段分组），如图2-71所示。单击"行标签"单元格，在编辑栏输入"工资"，单击B3单元格"计数项：工资合计"，在编辑栏修改为"人数"，重命名"Sheet2"工作表为"各工资段人数统计报表"，如图2-72所示。

图2-70 "值字段设置"对话框

图2-71 "组合"对话框

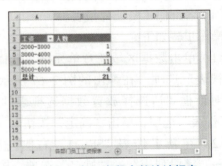

图2-72 各工资段人数统计报表

（3）用同样的方法单击“工资明细表”工作表任意单元格，在新工作中表创建数据透视表，拖选“部门”字段为“行”，5 次拖动“工资合计”至“Σ值”处，分别更改汇总方式为求和、计数、平均值、最大值、最小值。在“Sheet3”工作表中更改表头标题为“部门”“工资总计”“人数”“平均工资”“最高工资”“最低工资”，重命名“Sheet3”工作表为“各部门工资统计报表”，完成多列数据报表汇总，如图 2-73 所示。

部门	工资总计	人数	平均工资	最高工资	最低工资
财务部	30054.9	7	4293.557143	5186.1	3694.6
供应科	21542.3	5	4308.46	5138.7	2974
生产综合部	18978.2	4	4744.55	5152.5	3951.6
质控部	21075.8	5	4215.16	4587.8	3632
总计	91651.2	21	4364.3429	5186.1	2974

图 2-73　多列数据报表

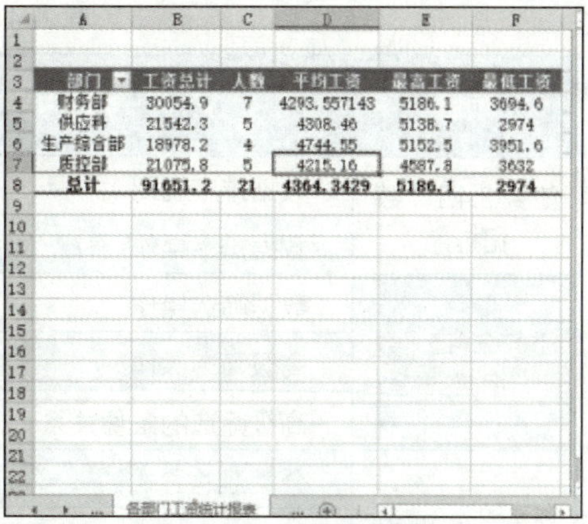

第三步：在数据透视表中使用切片器。

（1）执行“分析”→“插入切片器”命令。在打开的“插入切片器”对话框中选择“部门”选项，如图 2-74 所示，单击“确定”。

（2）在出现的“部门”切片器上任意选择需要查看的部门，交互式查看该部门各项工资数据，完成各部门工资切片报表，如图 2-75 所示。

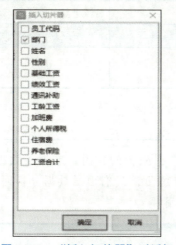

图 2-74　“插入切片器”对话框

部门	工资总计	人数	最高工资	最低工资	平均工资
财务部	30054.9	7	5186.1	3694.6	4293.557143
生产综合部	18978.2	4	5152.5	3951.6	4744.55
供应科	21542.3	5	5138.7	2974	4308.46
质控部	21075.8	5	4587.8	3632	4215.16
总计	91651.2	21	5186.1	2974	4364.342857

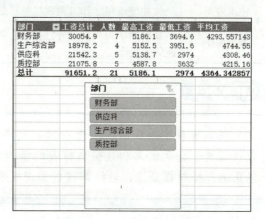

图 2-75　“部分”切片器

任务总结

在本任务中，我们跟着小王一起学习了数据透视表的创建和设置方法、修改数据透视表值字段的方法、行字段分组方法、多列数据报表汇总方法以及在数据透视表中使用切片器的方法。制作数据透视表时要注意以下几点：

（1）在制作数据透视表之前，要仔细分析数据表的结构，表格左侧为“行”，顶端为“列”，确定是否需要“筛选”项，确定汇总项目，然后准确地将所需字段拖动到合适位置。

（2）汇总项目选择不当或数据位置摆放不当易造成信息混乱，失去创建数据透视表的意义。可以反复拖动字段调整，观察变化，寻找最佳结果。

（3）在数据透视表中，可进行求和、计数、求平均值等多项计算。

项目评价

项目 2.4 评价（标准）表见表 2-4。

表 2-4　项目 2.4 评价（标准）表

项目	学习内容	评价（是否掌握）	评价依据
任务 2.4.1 数据排序	数据排序规则		课上练习观察
	数据排序操作		课上练习观察、案例操作
任务 2.4.2 数据筛选	数据筛选操作		课上练习观察、案例操作
	高级筛选操作		课上练习观察、案例操作
	高级筛选的条件关系		课上练习观察、案例操作
任务 2.4.3 分类汇总	分类汇总方式		课上练习观察
	分类汇总操作		课上练习观察、案例操作
	多级分类汇总操作		课上练习观察、案例操作
任务 2.4.4 数据透视表	数据透视表的创建		课上练习观察、案例操作
	数据透视表的设置		课上练习观察、案例操作
	数据透视表中的切片器		课上练习观察、案例操作
技术应用	软件使用和操作过程规范、有条理		课上练习观察
效果转化	能将所学应用到课外任务中，并拓展掌握更多操作		课外作业

项目小结

　　在本项目中，我们和小王一起通过案例认识了数据分析的作用，掌握了数据排序、数据筛选、分类汇总和数据透视表的操作，通过反复练习，我们面对数据分析问题，应能正确选择数据分法，最终掌握数据透视表的实际应用。

练习与思考

　1. 可以根据单元格颜色和字体颜色进行筛选吗？
　2. 高级筛选最多可以设置多少条件？
　3. 分类汇总要先依据哪个字段进行排序？
　4. 怎样对数据透视表进行排序？
　5. 打开"期中成绩表"工作簿，完成以下操作：
　（1）在"Sheet1"工作表中按总分为主要关键字、数学为次要关键字降序排序；
　（2）使用"Sheet2"工作表数据筛选各科成绩均大于 80 分的记录；
　（3）使用"Sheet3"工作表数据进行高级筛选，找出语文成绩大于 80 分，并且数学成绩小于 70 分的记录；
　（4）使用"Sheet4"工作表数据进行分类汇总，得到各班不同性别学生各科均分；
　（5）使用"Sheet5"工作表数据，在新工作表中创建数据透视表，以"班级"为切片，得到各班不同性别学生各科均分统计报表。

模块 3
装扮演示文稿炫风采

　　WPS 演示和 WPS 文字、WPS 表格一样，都是 WPS Office 系列软件包的组成部分，它的功能与 PowerPoint 相似，但是更贴近中国用户，具有内存占用少、运行速度快、具有强大插件平台支持、免费提供海量在线存储空间及文档模板等优势。用 WPS 演示制作的电子版幻灯片，应用在广告宣传、产品介绍、课堂教学演示等方面效果非常好。利用 WPS 演示进行会议交流，能够使原本枯燥的照本宣科变成欣赏电影般的享受，听众接受信息的效率大幅度提高。

项目 3.1 演示文稿初见面

情景再现

张老师将为全校老师上一堂党课，进行理想信念教育。上课时需要图文并茂的课件，演示文稿可以更好地帮助张老师表达主题，达到更好的教育效果。

项目描述

本项目介绍演示文稿的相关概念，并且新建一个空白演示文稿。

项目目标

（1）了解演示文稿的相关概念，了解演示文稿和幻灯片的关系。
（2）了解演示文稿的视图方式。
（3）学会演示文稿的新建和保存方法。

知识地图

项目 3.1 知识地图如图 3-1 所示。

图 3-1　项目 3.1 知识地图

任务 3.1.1　认识演示文稿

任务描述

为了帮张老师制作一个精美而有效的演示文稿，在使用 WPS 演示制作演示文稿前，首先需要掌握演示文稿的相关概念，了解演示文稿的视图方式。

任务目标

（1）掌握演示文稿和幻灯片的关系。
（2）了解演示文稿的视图方式。

知识准备

1. 演示文稿的概念

一个演示文稿是由一张或若干张幻灯片组成的 WPS 演示或 PowerPoint 文档。制作一个演示文稿的过程实际上就是依次制作幻灯片的过程。制作的演示文稿可能保存在机器里用于演示，或打印在纸张上，或复印到透明胶片上。

2. 演示文稿的文件格式

演示文稿的默认扩展名为".pptx"，也可以是".ppt"或者".dps"。".dps"是 WPS 演示文稿的一种文件保存格式，这种格式仅能用 WPS 打开；".ppt"为 PowerPoint 2003 之前版本生成；".pptx"为 PowerPoint 2007 之后的版本生成，WPS 2019 也能打开，具有新的幻灯片特效。总的来说，".pptx"格式相对兼容性和特效更好。

任务实施

第一步：学习演示文稿的相关概念。

打开 WPS 2019 演示文稿"中华文化与民族精神"，看到 WPS 演示的工作环境如图 3-2 所示，与前面所学的 WPS 文字、WPS 表格有许多相似之处。

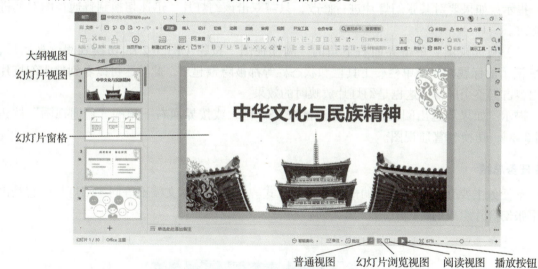

图 3-2 WPS 演示的工作环境

第二步：熟悉演示文稿的各类视图。

演示文稿视图是查看或浏览演示文稿的显示方式，最基本的视图种类有以下 3 种：普通视图、幻灯片浏览视图、阅读视图。

（1）普通视图。普通视图是启动 WPS 演示后的默认工作视图，如图 3-2 所示。在此视图下，能够查看演示文稿的大纲、输入或编辑幻灯片的内容及其有关备注信息。

（2）幻灯片浏览视图。单击界面右下角的"幻灯片浏览视图"按钮（图 3-2），切换到幻灯片浏览视图后，WPS 演示将按顺序显示演示文稿中缩小后的各张幻灯片，用户可以纵览所有幻灯片的风格和排列，如图 3-3 所示。

图 3-3　幻灯片浏览视图

在幻灯片浏览视图中，用户可以用鼠标拖动幻灯片来重新调整幻灯片的排列顺序，并可删除、复制或插入某张幻灯片，但不能对幻灯片的内容进行修改和编排。

提示：如果要对某张幻灯片进行修改，只需双击该幻灯片，迅速切换到普通视图对其进行修改。

（3）阅读视图。单击界面右下角的"阅读视图"按钮（图 3-2），切换到阅读视图后，WPS 演示的标题栏、菜单栏、工具栏和状态栏等都被隐藏起来。此时，可以看到整张幻灯片的内容占据整个屏幕，这也是幻灯片放映时的效果。

提示：如果要退出阅读视图，可直接按 ESC 键，或按界面右下角的"普通视图"按钮（图 3-2），切换到普通视图。

任务总结

本任务主要介绍演示文稿的概念和视图方式。要注意演示文稿不等同于幻灯片，它是由若干张幻灯片组成的。

任务 3.1.2　演示文稿基本操作

任务描述

本任务主要讲解新建空白演示文稿及 WPS 模板，以及保存演示文稿的方法。

任务目标

能掌握新建演示文稿和保存演示文稿的方法。

项目 3.1 演示文稿初见面

知识准备

"新建"命令的快捷键为"Ctrl+N","保存"命令的快捷键为"Ctrl+S","另存为"命令的快捷键为 F12。

任务实施

第一步: 新建演示文稿。

WPS 演示提供了多种方法让用户创建新的演示文稿。这里介绍两种最常用的方法。

方法 1:利用空白演示文稿创建。

WPS 演示提供的空白演示文稿不包含任何颜色和样式。用户可以充分利用 WPS 演示提供的配色方案、版式和主题等,创建自己喜欢的演示文稿。此方法适合非常熟练的操作者。操作步骤如下:

(1) WPS 演示启动后,选择"首页"→"新建"命令(图 3-4),找到"P 演示"选项(图 3-5)。

图 3-4 "新建"命令

(2)单击"以白色为背景色新建空白演示"按钮,如图 3-5 所示。

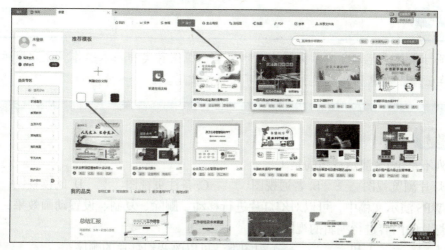

图 3-5 "P 演示"选项

方法 2：利用模板创建。

WPS 首页有很多在线模板可供下载，包括收费模板和免费模板，这为初学者提供了很多方便。

第二步： 保存演示文稿。

选择"文件"→"保存"命令，出现"保存"对话框，将一个空白演示文稿命名为"理想与信念"并保存到"WPS 演示练习"文件夹中，保存在磁盘上的演示文稿的扩展名为".pptx"。

任务总结

本任务主要介绍新建演示文稿和保存演示文稿的方法。演示文稿可通过空白文档和模板来创建，WPS 演示中有非常丰富的模板资源。

项目评价

项目 3.1 评价（标准）表见表 3-1。

表 3-1 项目 3.1 评价（标准）表

项目	评分细则	评价（是否掌握）	评价依据
学习态度	课堂礼仪（尊重他人）、回答问题的仪表仪态		课上练习观察、作业质量
学习方法	上课时不是被动听课，而是主动学习，会记录学习要点，会主动思考，积极发问		课上练习观察、上课提问和回答问题情况
项目知识	掌握演示文稿的相关概念及其与幻灯片的关系，了解 WPS 演示文稿的 3 种视图		课上练习观察、上课提问和回答问题情况
技术应用	软件使用过程规范、有条理		课上练习观察、任务完成情况、文件命名的规范性

项目小结

本项目主要介绍 WPS 演示文稿的基本概念、视图种类和基本操作。注意演示文稿可以保存在云端，在电脑端或者手机端都可以直接调用。

练习与思考

1. 下列不是 WPS 演示视图的是（　　）。
   A. 幻灯片浏览视图　　B. 普通视图　　C. 备注页视图　　D. 阅读视图
2. 在 WPS 演示文稿中，可以对幻灯片进行移动、删除、复制、设置动画效果，但不能对单独的幻灯片的内容进行编辑的视图是（　　）。
3. 在（　　）和（　　）视图下，可以改变幻灯片的顺序。

项目 3.2

素材成稿得心应手

情景再现

张老师将制作一个演示文稿，用于上一堂党课，进行理想信念教育。在项目 3.1 中，已经新建了名为"理想与信念"的 WPS 演示文稿文件，在本项目中添加和编辑内容。

项目描述

本项目介绍幻灯片的基本操作，幻灯片母版的编辑方法，演示文稿的图文编排方法，音乐、视频、超级链接的插入方法等，学生应能对素材灵活处理、运用，以制作一个内容完整的演示文稿。

项目目标

（1）能熟练运用幻灯片的基本操作。
（2）能熟练编辑幻灯片母版。
（3）能熟练掌握插入和编辑文本、图片的方法。
（4）能熟练掌握插入及编辑音、视频等的方法。

知识地图

项目 3.2 知识地图如图 3-6 所示。

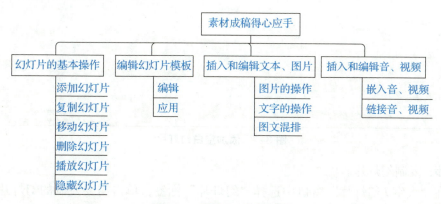

图 3-6　项目 3.2 知识地图

任务 3.2.1　幻灯片的基本操作

任务描述

本任务主要介绍幻灯片的添加、复制、移动、删除、播放、隐藏等基本操作。

任务目标

能掌握幻灯片的添加、复制、移动、删除、播放、隐藏等操作方法。

知识准备

幻灯片的添加、复制、移动、删除、播放、隐藏等操作都有多种方法可以实现。

任务实施

第一步：添加幻灯片，主要有以下方法。

方法 1：在"大纲/幻灯片"窗口中选择"幻灯片"标签，选定要在其后插入幻灯片的那张幻灯片，按 Enter 键。

方法 2：在"大纲/幻灯片"窗口中选择"幻灯片"标签，用鼠标右键单击要在其后插入幻灯片的那张幻灯片，选择"新建幻灯片"命令。

方法 3：选择"插入"→"新建幻灯片"命令，可插入空白幻灯片。

练习：在第 1 张幻灯片后以 3 种不同的方法添加 3 张空白幻灯片，共 4 张幻灯片，如图 3-7 所示。

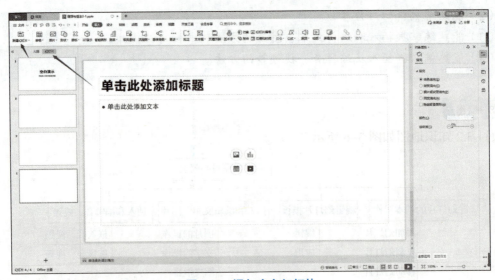

图 3-7　添加空白幻灯片

第二步：复制幻灯片。

（1）在"大纲/幻灯片"窗口中选择"幻灯片"标签，单击需要复制的幻灯片，单击鼠标右键选择"复制"命令，或者按 Ctrl+C 组合键，将此幻灯片复制到剪贴板上。

选择要粘贴的具体位置，如果是不同的演示文稿，则要将该演示文稿打开，单击鼠标右键选择"粘贴"命令，或者按"Ctrl+V"组合键，将复制到剪贴板中的内容粘贴到指定的位置。

（2）在"大纲/幻灯片"窗口中选择"幻灯片"标签，单击需要复制的幻灯片，单击鼠标右键选择"复制幻灯片"命令，则可直接复制本张幻灯片，不需要执行"粘贴"操作。

提示：如果已经设置好演示文稿中某一张幻灯片的背景、颜色以及其他文本格式等，并且对它非常满意，那么就可以使用复制的方法，将这张幻灯片连续复制下去，只要分别对它们进行文字上的修改，就可以非常方便地完成后面的各张幻灯片制作。

第三步： 移动幻灯片。

一个演示文稿中通常包含多个幻灯片，可以对幻灯片的位置进行调整，为它们安排更加合适的顺序。

方法1：在"大纲/幻灯片"窗口中选择"幻灯片"标签，单击需要移动的幻灯片，将它拖到合适的位置，在拖动的过程中会出现一条浮动的水平直线，可据此知道将幻灯片放置到什么位置。类似的操作也可以在幻灯片浏览视图中实现。

方法2：在"大纲/幻灯片"窗口中选择"幻灯片"标签，单击需要移动的幻灯片，单击鼠标右键选择"剪切"命令，或者按"Ctrl+X"组合键，将要移动的幻灯片剪切至剪贴板，然后确定目标位置，将刚才剪切到剪贴板中的内容粘贴过来即可。

第四步： 删除幻灯片。

在"大纲/幻灯片"窗口中选择"幻灯片"标签，单击需要移动的幻灯片，或在大纲状态选中该幻灯片的编号图标，然后按 Delete 键将该幻灯片删除，或者单击鼠标右键选择"删除幻灯片"命令。

第五步： 播放幻灯片。

（1）从头播放幻灯片。

方法1：选择"放映"→"从头开始"命令。

方法2：单击右下角的 ▶ 按钮，选择"从头开始"命令。

方法3：按 F5 键。

（2）从当前幻灯片播放。

方法1：选择"放映"→"当页开始"命令。

方法2：单击右下角的 ▶ 按钮。

方法3：按"Shift+F5"组合键。

第六步： 隐藏幻灯片。

如果不想让一个演示文稿中的某张或者某些幻灯片在放映时出现，可以对其进行隐藏。在"大纲/幻灯片"窗口中选择"幻灯片"标签，或在幻灯片浏览视图中，用鼠标右键单击需要隐藏的幻灯片，选择"隐藏幻灯片"命令。在隐藏幻灯片的旁边有一个带斜杠的方框图标，其中的数字为幻灯片编号。

若要重新显示隐藏的幻灯片，有以下两个方法。

方法1：在"大纲/幻灯片"窗口中选择"幻灯片"标签，选中需要显示的隐藏幻灯片，单击鼠标右键，选择"隐藏幻灯片"命令，则可显示已隐藏的幻灯片。

方法2：在幻灯片放映时用鼠标右键单击任意幻灯片，选择"定位"命令，括号内数字表示隐藏幻灯片的编号，单击要查看的幻灯片即可。

任务总结

上述操作都需要在日常工作和生活中频繁使用，这样才能熟练掌握。

任务 3.2.2 编辑幻灯片母版

编辑幻灯片母版

任务描述

一个演示文稿通常会通过模板来统一风格。创建演示文稿可以用系统提供的现成模板，也可以自己设计制作一个模板。本任务通过对母版的编辑和修饰来创建新的模板。

任务目标

能编辑和修改幻灯片母版，并应用于幻灯片制作。

知识准备

幻灯片母版是存储有关应用的设计模板信息的幻灯片，包括字形、占位符大小或位置、背景设计和配色方案。

某些文本或图形可能需要在每张幻灯片上都出现，比如固定的背景、公司的名称、产品的商标等，完全没有必要在每张幻灯片上重新将它们插入一次，可以将它们放在母版中，只需要编辑一次即可，不但节省时间，而且格式、位置统一。

任务实施

第一步：选择"视图"→"幻灯片母版"选项。

第二步：单击"Office 主题母版"，如图 3-8 所示。

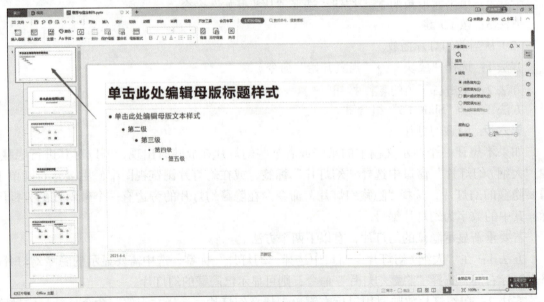

图 3-8　Office 主题母版

第三步: 选择"插入"→"图片"选项,选择"母版背景 1.png"并插入。

第四步: 选择"插入"→"图片"选项,选择"母版背景 2.png"并插入,并且拖动至幻灯片的最底部,效果如图 3-9 所示。

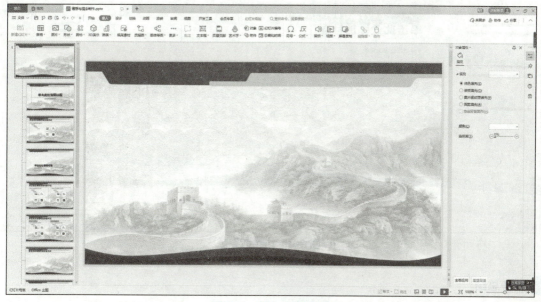

图 3-9 插入母版背景

提示:按住 Shift 键拖动图片,可以实现垂直或水平拖动。

第五步: 选择"幻灯片母版"→"关闭"命令,关闭幻灯片母版编辑模式,如图 3-10 所示,回到当前幻灯片视图。

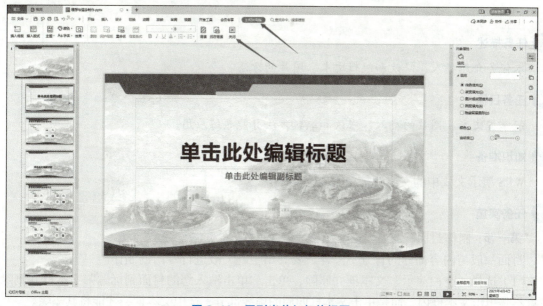

图 3-10 回到当前幻灯片视图

第六步: 在"大纲/幻灯片"窗口中选择"幻灯片"标签,单击第一张幻灯片,按 Enter 键两次测试,如图 3-11 所示,可以发现通过编辑幻灯片母版,已经成功制作了所需的模板。

模块 3　装扮演示文稿炫风采

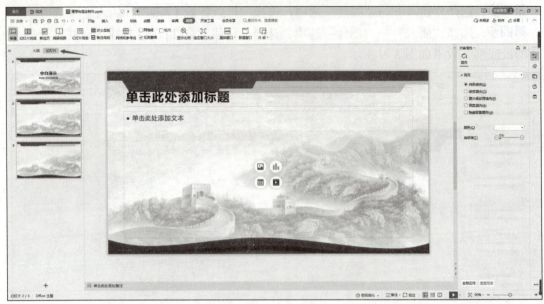

图 3-11　测试模板

任务总结

本任务主要介绍了幻灯片母版的编辑方法。

任务 3.2.3　插入和编辑文本、图片

任务描述

本任务介绍插入、修改和编辑文本、图片的方法。

任务目标

能掌握文本、图片的插入、修改和编辑方法并能熟练应用。

知识准备

WPS 演示文稿中的文本都需要写入文本框。

任务实施

第一步：制作封面。

封面一般与内容部分的背景不一样，要突出主题，故进行专门的制作。

（1）选择"空白演示"文本框并删除，单击"单击输入您的封面副标题"文本框并删除。注意不是单击文本框内，而是单击文本框四周的虚线部分，选中文本框，才能将其删除。

（2）单击"设计"菜单，单击 按钮，选择"背景"选项，在右边"对象属性"面板中，选择"图片或纹理填充"选项，在"图片填充"下拉列表中选择本地图片"封面背

景 .png"，这时发现背景图片并没有在幻灯片中显示，勾选"隐藏背景图形"复选框，隐藏前面设置的模板背景，封面背景则在幻灯片中显示，如图 3-12 所示。

图 3-12　封面背景

（3）在幻灯片编辑区中插入图片"田字格 .png"，将图片拖动到合适的区域。选中田字格图片，按住"Shift+Ctrl"组合键往右拖动田字格图片，复制成 2 个；选中已有的 2 个田字格图片，按住"Shift+Ctrl"组合键拖动它们往右移动，复制成 4 个；再用同样方法，共复制出 5 个田字格图片。

提示：Ctrl 键的作用是复制，Shift 键的作用是水平移动。

（4）拖动鼠标，同时选中 5 个田字格图片，选择"图片工具"→"对齐"→"横向分布"选项，则可平均排列几个田字格图片，如图 3-13 所示。

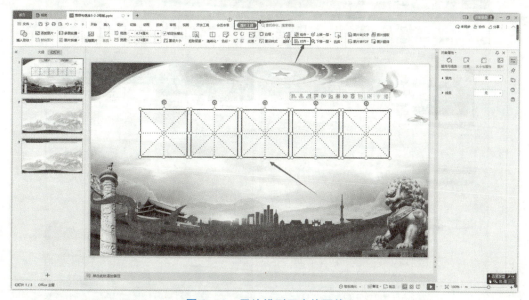

图 3-13　平均排列田字格图片

（5）选择"插入"→"文本框"选项，在幻灯片上单击，输入"理想与信念"，选中文本框，设置文字字体为"华文行楷"，文字颜色为深红色，字号为120，打开"字体"对话框，设置"字符间距"为25磅，将文字位置调整到对应田字格的位置。

（6）选择"插入"→"文本框"选项，输入作者和日期信息，设置为18号黑色宋体，效果如图3-14所示。

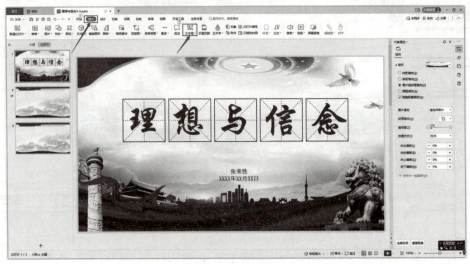

图3-14 封面效果

第二步：制作目录页。

（1）在第2张幻灯片上删除2个空文本框。

（2）选择"插入"→"形状"→"对角圆角矩形"选项，绘制一个对角圆角矩形，如图3-15所示。

图3-15 绘制一个对角圆角矩形

（3）选中对角圆角矩形，拖动对角圆角矩形的控制点调整大小。

（4）选中对角圆角矩形，单击"开始"选项卡，把"填充"设为深红色，"轮廓"设为"无边框颜色"，如图 3-16 所示。

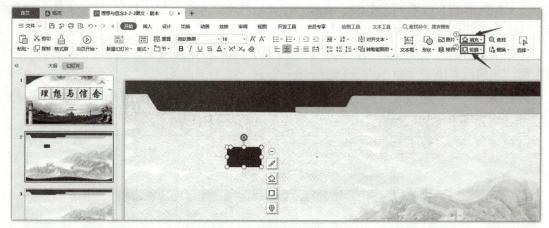

图 3-16　设置对角圆角矩形

（5）用鼠标右键单击对角圆角矩形，选择"编辑文字"命令，在对角圆角矩形中输入序号"一"，设置字体为微软雅黑，颜色为白色，字号为 28。

（6）在对角圆角矩形的右边添加文本框，输入"什么是共产党人的理想信念"，设置字体为微软雅黑，颜色为深红色，字号为 28。

（7）同时选中对角圆角矩形和文本框，按住 Ctrl 键向下拖动，复制 1 份；用同样的方法再次复制，共 3 条目录内容，并适当调整排列整齐，如图 3-17 所示。

（8）分别单击对角圆角矩形和文本框，进入编辑模式，将第 2 条目录内容改为"二 理想与信念的自我实践"；将第 3 条目录内容改为"三 新时期我们应具备的理想与信念"。格式不用改动，可直接套用第 1 条目录的格式，这样做既方便，又使效果更协调美观，如图 3-18 所示。

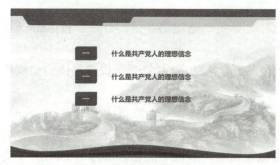

图 3-17　复制目录内容

图 3-18　目录效果

第三步：制作第一部分内容引导页。

（1）在第 3 张幻灯片上删除 2 个空文本框。

（2）在"插入"菜单中的"形状"下拉列表中，按住 Shift 键单击"椭圆"，绘制一个正圆，并调整大小。

（3）选中圆形，单击"开始"菜单，把"填充"设为深红色，"轮廓"设为"无边框颜色"。

（4）用鼠标右键单击圆形，选择"编辑文字"命令，在矩形中输入序号"一"，设置字体为微软雅黑，颜色为白色，字号为 28。

（5）在圆形的右边添加文本框，输入"什么是共产党人的理想信念"，设置字体为微软雅黑，颜色为深红色，字号为 28。

（6）在"插入"菜单中的"形状"下拉列表中，按住 Shift 键单击"线条"，绘制一条垂直线条，并调整大小。

（7）选中线条，单击"开始"菜单，把"轮廓"设置为深红色，将宽度设为 3 磅，如图 3-19 所示。

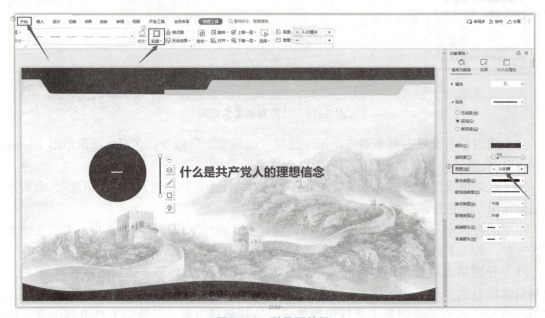

图 3-19　引导页效果

第四步： 制作第 4 张幻灯片。

（1）在"大纲/幻灯片"窗口中选择"幻灯片"标签，选定第 3 张幻灯片，按 Enter 键，插入第 4 张幻灯片。

（2）在左上角标题处插入文本框"一、什么是共产党人的理想信念"，设置字体为微软雅黑，颜色为白色，字号为 28。

（3）插入图片"党旗 .png"。

（4）在党旗图片右边添加一段文字，内容为"坚定理想信念，坚守共产党人精神追求，始终是共产党人安身立命的根本。"，设置字体为微软雅黑，颜色为黑色，字号为 20。为了突出要点，将"理想信念"4 个字设置为微软雅黑、深红色、28 号。

（5）用同样的方法再制作两段内容。

（6）在幻灯片最下方添加文本"不忘初心、牢记使命"，设置文字为微软雅黑、深红色、16 号。

（7）在"不忘初心、牢记使命"左边绘制一条细直线，轮廓为深红色，宽度为 0.5 磅，调整大小和位置。按住"Shift+Ctrl"组合键将这条细直线拖动复制到文字的右边。再次调整大小和位置，以达到合适美观的状态。效果如图 3-20 所示。

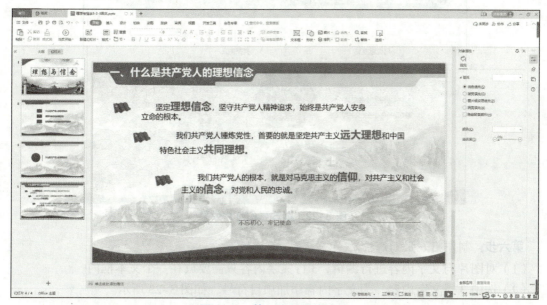

图 3-20　第 4 张幻灯片效果

第五步：制作第 5 张幻灯片。

（1）在"大纲 / 幻灯片"窗口中选择"幻灯片"标签，用鼠标右键单击第 4 张幻灯片，选择"复制幻灯片"命令，直接复制出第 5 张幻灯片。

（2）保留标题和"不忘初心、牢记使命"内容，将中间内容全选，按 Delete 删除，如图 3-21 所示。

图 3-21　删除中间内容

（3）用以上方法再复制出第 6 张、第 7 张幻灯片以备用。

（4）运用前面所学的添加图文方法进行设置，根据所提供素材，制作第 5 张幻灯片，效果如图 3-22 所示。

图 3-22　第 5 张幻灯片效果

第六步：制作第 6 张幻灯片。

（1）对图片与文字内容进行编辑，3 行文字内容只需要放在一个文本框内。

（2）选中 3 行文字内容，为文字内容添加项目符号，如图 3-23 所示。

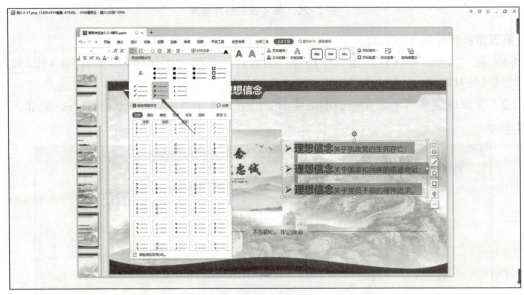

图 3-23　添加项目符号

第七步：制作第 7 张幻灯片。

（1）添加文本框，输入"新时代，涌现出不少秉持理想信念、保持崇高境界、坚守初心使命、敢于担当作为的先进典型"，并用不同字号突出重点内容。

（2）插入张富清老人的照片，并调整大小。

（3）选择"插入"→"形状"→"矩形"选项，在张富清老人照片的右边区域绘制一个矩形，设置填充为"无填充颜色"，轮廓为深红色。

（4）选中矩形框，注意要选线条部分才能选中，单击鼠标右键选择"编辑文字"命令，添加张富清老人的介绍，设置字体为微软雅黑，颜色为黑色，字号为 14，效果如图 3-24 所示。

图 3-24　第 7 张幻灯片效果

第八步： 制作第 8 张幻灯片。

在"大纲/幻灯片"窗口中选择"幻灯片"标签，用鼠标右键单击第 7 张幻灯片，选择"复制幻灯片"命令，直接复制出第 8 张幻灯片。将张富清老人的照片和文字介绍换成廖俊波同志的照片和文字介绍，效果如图 3-25 所示。

图 3-25　第 8 张幻灯片效果

第九步： 运用所学方法，根据相应素材，制作第 9~21 张幻灯片。

提示：在幻灯片编辑区域的下方，对每张幻灯片都可以添加备注，以起到备忘作用。

任务总结

本任务介绍插入、修改和编辑文本、图片的方法。我们要在练习中熟练制作方法，做到又快又好。

任务 3.2.4　插入和编辑音、视频

任务描述

本任务在演示文稿中插入和编辑音、视频，使演示文稿更生动。

任务目标

掌握音、视频的嵌入和超链接方法。

知识准备

在演示文稿中，在合适的地方插入音频或者视频，可使演示文稿更生动，帮助作者以图文并茂的方式和更有吸引力的方式来阐述主题和吸引听众。

任务实施

第一步：插入及编辑音频。在 WPS 演示中插入音频有"嵌入音频""链接到音频""嵌入背景音乐""链接背景音乐"4 种方式。

（1）在第 1 张幻灯片，即封面页中，插入一段慷慨激昂的音乐。选中第 1 张幻灯片，选择"插入"→"音频"→"链接到音频"命令，选择"背景音乐 .mpe"，如图 3-26 所示。

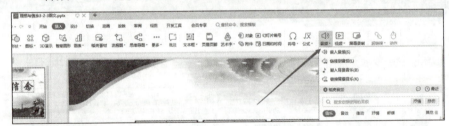

图 3-26　选择背景音乐

（2）设置"循环播放，直至停止"以及"放映时隐藏"效果，如图 3-27 所示。

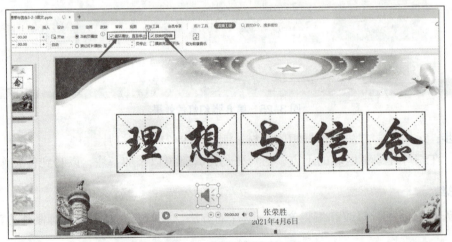

图 3-27　设置背景音乐效果

（3）播放测试效果。修改参数再测试效果。

提示：一般党课比较严肃，在本任务中，在测试过音乐效果后，可以删除音乐效果。

第二步： 继续插入及编辑视频，如图 3-28 所示。

图 3-28　插入并编辑视频

（1）定位到第 3 张幻灯片，在右下角添加"观看视频"文字和小图标。

（2）选中"观看视频"文本框并单击鼠标右键，选择"超链接"选项，如图 3-29 所示，然后选择"我宣誓.mp4"。

图 3-29　选择"超链接"选项

（3）进行播放测试，发现单击"观看视频"文字时，鼠标变成小手形状。

（4）用同样的方法为第 7 张幻灯片中张富清老人的图片链接视频"老英雄张富清.mp4"并测试效果。

任务总结

嵌入音、视频以及链接音、视频的优、缺点主要如下：嵌入音、视频之后，文件会带着音、视频成为独立的文件，就算原来的音、视频被删除，也不影响播放效果；其缺点是文件体积会变得很大。链接音、视频之后，文件体积几乎不变大而能实现播放效果，但音、视频必须与演示文稿放在同一个根目录下，而且不能改变地址，如果改变地址，则需要重新制作超链接。

项目评价

项目 3.2 评价（标准）表见表 3-2。

表 3-2 项目 3.2 评价（标准）表

项目	评分细则	评价（是否掌握）	评价依据
项目知识	掌握演示文稿设计知识和操作方法		小组预习展示
图片质量	主题鲜明，清晰表达消息标题，画面优质，尺寸符合封面设计要求		图片插入、编辑情况
图文版式	文字设计简洁有力，与图片配合相得益彰		文字设计、图文混排
视觉感受	色彩搭配协调，有视觉冲击力		图文整体效果
技术应用	软件使用和设计过程规范、有条理		课上练习观察、演示文稿作品检查
小组协作	积极参与小组工作，有明确任务，作品反复修改完善，最终按要求完成设计		课上练习观察

项目小结

本项目主要介绍 WPS 演示文稿的基本操作方法、母版编辑方法、图文插入和编辑方法、音、视频插入方法。

练习与思考

深入思考自己的理念与信念是什么，并将本项目中"理想与信念"的第二部分"理想与信念的自我实践"和第三部分"新时期我们的理想与信念"内容补充完整，并对作者和日期进行相应的修改。

项目 3.3

演示播放行云流水

情景再现

张老师已经将党课"理想与信念"第一部分内容的演示文稿制作完成,编排了图文以及音、视频。在本项目中要给演示文稿添加播放效果。

项目描述

在制作演示文稿时,根据讲解的需要,为幻灯片中的某些图片或文字添加一些动态效果,则整个演示过程会显得更加生动。本项目介绍演示文稿的播放设置方法。

项目目标

(1)熟练掌握创建幻灯片动画效果的方法。
(2)能熟练设置幻灯片切换方式。
(3)能熟练设置幻灯片放映方式。
(4)掌握演示文稿的发布、打印与打包方法。

知识地图

项目 3.3 知识地图如图 3-30 所示。

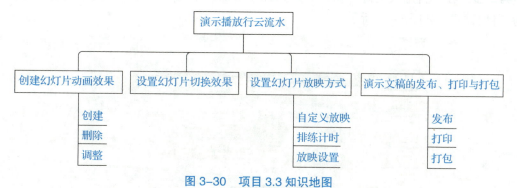

图 3-30　项目 3.3 知识地图

任务 3.3.1 创建幻灯片动画效果

任务描述

幻灯片在播放过程中，一般需要创建动画效果，以配合演讲者的表达。本任务为第 5 张幻灯片创建动画效果。

任务目标

（1）掌握为幻灯片创建动画效果的方法。
（2）掌握删除动画效果和调整动画顺序的方法。

知识准备

WPS 演示有丰富的动画效果，如果运用得当，可以实现意想不到的效果。

任务实施

第一步：选择"马克思主义"对应的线，选择"动画"→"自定义动画"选项，如图 3-31 所示。

图 3-31 自定义动画

第二步：在"自定义动画"窗口中，选择"添加效果"→"擦除"选项，将"方向"设置为"自右侧"，如图 3-32 所示。

图 3-32 设置动画（1）

第三步：选择文字"马克思主义，共产党人的理想信念首先表现为对马克思主义的政治信仰，坚信马克思主义的科学性和真理性；"，选择"添加效果"→"擦除"选项，将"方向"设置为"自顶部"，将"速度"调整为"快速"，将播放方式调整为"之后"，即前一个动画播放之后处自动播放，如图 3-33 所示。

图 3-33　设置动画（2）

选择"共产主义"对应的线，选择"动画"→"自定义动画"→"添加效果"→"擦除"选项，将"方向"设置为"自左侧"。

第四步：选择文字"共产主义，这是共产党人的最高理想、最终目标，以实现无产阶级和整个人类解放为信仰；"，选择"添加效果"→"擦除"选项，将"方向"设置为"自上方"，将"速度"调整为"快速"，将播放方式调整为"之后"，如图 3-34 所示。

图 3-34　设置动画（3）

第五步：按照这个风格，完成第 5 张幻灯片其余几条内容的动画，做成 6 组动画。

第六步：如果需要，可在"自定义动画"窗口中删除动画效果，或者拖动调整动画顺序。

任务总结

如果动画效果运用恰当，可以生成非常活泼、流畅的画面。课外可尝试为其他幻灯片添加不同动画效果。

任务 3.3.2　设置幻灯片切换效果

任务描述

本任务主要介绍幻灯片切换效果的实现方法。

任务目标

掌握幻灯片切换效果的实现方法。

模块 3　装扮演示文稿炫风采

知识准备

幻灯片切换效果指幻灯片放映过程中在屏幕上展示或离开屏幕的视觉效果，简单地说，就是这一页放完后怎么消失，下一页又怎么出来。设置幻灯片切换效果可以增加幻灯片放映的活泼性和生动性，使演示文稿给人留下深刻的印象。

任务实施

第一步： 设置第 2 张幻灯片的切换效果。

（1）在"大纲/幻灯片"窗口中选择"幻灯片"标签，选定第 2 张幻灯片。

（2）单击"切换"菜单，可见到有很多种幻灯片切换效果，如图 3-35 所示，选择百叶窗效果。

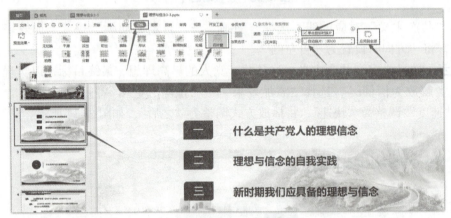

图 3-35　幻灯片切换效果

（3）测试发现第 2 张幻灯片切换出来时有很漂亮的百叶窗效果。

第二步： 将刚才的百叶窗效果"应用到全部"，发现所有幻灯片的切换效果都是百叶窗效果。

提示：如果"单击鼠标时换片"和"自动换片"都没有设置，则在播放演示文稿时，无论怎么操作鼠标，演示文稿都不会继续播放。

任务总结

党课演示文稿的播放风格最好统一、沉稳，如果变化太大，就会显得过于花哨。有些作品需要多变的风格，这会使演示文稿显得更活泼，例如宝宝成长相册。

任务 3.3.3　设置幻灯片放映方式

任务描述

在计算机上放映幻灯片时，幻灯片会占据整个屏幕，此时工具栏、菜单栏等屏幕部件被暂时隐藏起来。可以控制幻灯片的放映方式，既可以自动定时，也可以由人工来控制放映，还可以选择仅放映一部分幻灯片，而其余的不放映。

任务目标

（1）掌握自定义放映的方法。
（2）掌握排练计时的方法。

知识准备

幻灯片放映方式有两种：一种是自定义放映，另一种是排练计时。

任务实施

第一步： 设置自定义放映。

自定义放映，就是用户定义放映演示文稿中的哪些幻灯片及其放映顺序。

选择"放映"→"自定义放映"选项，在"自定义放映"对话框中单击"新建"按钮，弹出新的对话框，默认的名称是"自定义放映1"，可根据需要自行更改，在左侧"在演示文稿中的幻灯片"列表框中，选择一张幻灯片，如"幻灯片1"，然后单击"添加"按钮，将其添加到"在自定义放映中的幻灯片"列表框中，然后依次在左侧选择需要放映的幻灯片，逐一添加到右侧列表框中，单击最右侧的上下箭头可调整放映的顺序，如图3-36所示。完成后单击"确定"按钮返回，此时"自定义放映"对话框将出现刚才所设置的放映名称，单击"放映"按钮可观看放映，如果要再次进行修改，可单击"编辑"按钮。

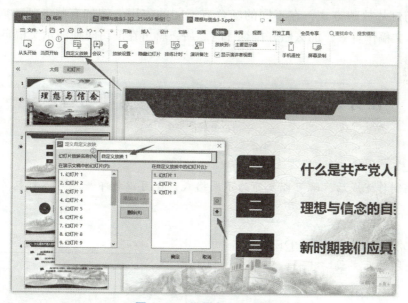

图3-36 设置自定义放映

第二步： 设置排练计时。

选择"排练计时"选项后，就可以设置每张幻灯片的播放时间，即可以根据幻灯片演讲者的要求安排好整个演示文稿的放映节奏。

设置排练计时后，会切换到幻灯片放映视图，此时会以排练方式运行幻灯片，在其中可以设置或更改幻灯片的放映时间，下面介绍"预演"工具栏的用法，如图3-37所示。

（1）"下一项"按钮：可将幻灯片执行到下一个放映位

图3-37 "预演"工具栏

置，包括更换到下一个页面上或显示不同的动画，相同于单击鼠标命令。

（2）"暂停"按钮：单击此按钮可暂时停止排练，再次单击该按钮就可在暂停的地方继续排练。

（3）"幻灯片放映时间"框的计时器：每执行一个幻灯片的换页操作（不包括每页中的动画效果），这个时钟都会归零，并计算下一个幻灯片页面的放映时间。

（4）"重复"按钮：如果某一页的放映时间设置错误，可以重新将这个时间设置归零，在本页中执行的所有动画也将消失，回到本页的第一个动画执行之前地方重新排练该页。

（5）最后显示的时间是排练的幻灯片自动放映的总时间。

第三步： 进行幻灯片放映设置。

选择"放映"→"放映设置"选项，可进行幻灯片放映设置，如图 3-38 所示。

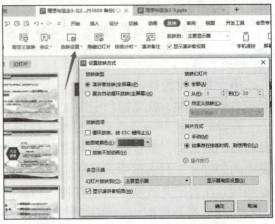

图 3-38　"设置放映方式"对话框

任务总结

不同的幻灯片放映方式，在不同的场合有不同的应用。例如有些老师、同学去参加比赛，需要演示文稿作背景，那么做好排练计时之后，就可在演讲时使演示文稿自动播放。

任务 3.3.4　演示文稿的发布、打印与打包

任务描述

演示文稿制作完成后，既可以发布为不同格式，也可以打印，还可以打包。

任务目标

（1）会把演示文稿发布为 PDF 格式。

（2）会打印演示文稿。

知识准备

在没有安装 WPS 的计算机上，演示文稿也可以通过其他格式实现播放。

任务实施

（1）选择"文件"→"输出为 PDF 格式"命令，可以将演示文稿发布为 PDF 文件。

（2）选择"文件"→"打印"命令，可以将演示文稿打印成讲义，如图 3-39 所示。

图 3-39　"打印"对话框

（3）选择"文件"→"输出为 H5"命令，能将演示文稿发布成微信二维码，手机分享更方便，但是这个功能目前只有会员才能使用。

（4）如果要在别的计算机上使用演示文稿，最好把音频、视频等内容打包放在一个文件夹或者压缩包中带走。

任务总结

在演示文稿中尽量少用不常见字体。如果用了不常见字体，在别的计算机上播放演示文稿时，可以带好此字体的安装文件以免影响效果；也可以把有特殊字体的内容做成图片插入演示文稿；选择"文件"→"常规与保存"选项可以将字体嵌入文件。

项目评价

项目 3.3 评价（标准）表见表 3-3。

表 3-3 项目 3.3 评价（标准）表

项目	评分细则	评价（是否掌握）	评价依据
项目知识	掌握演示文稿的动画设置、放映、播放、发布等知识和操作方法		回答问题
图文版式	文字设计简洁有力，与图片配合相得益彰		图文字设计、图文混排
视觉感受	色彩搭配协调，有视觉冲击力		图文整体效果
播放效果	播放效果流畅自然，符合演示文稿主题		动画流畅程度、动画和主题的契合度
技术应用	软件使用过程规范、有条理		课上练习观察、演示文稿作品检查
小组协作	积极参与小组工作，有明确任务，作品反复修改完善，最终按要求完成设计		课上练习观察

项目小结

本项目主要介绍 WPS 演示文稿的播放设置。好的演示文稿需要以好的播放方式呈现。

练习与思考

制作一个演示文稿，设置自定义放映或者排练计时，做成 5 分钟的动画。

项目3.4

演示亮相锦上添花

情景再现

小王班级这学期开设心理健康教育课，老师布置了一项任务，轮流请同学上台分享心理学小知识。下次由小王进行分享演讲，他通过搜集资料，准备讲解"皮革马利翁效应"，文字资料已经准备好，现在他想把这些文字资料做成演示文稿，向同学们讲解这个心理学小知识。

项目描述

好的演示文稿应该实用，但也应该生动、美观。WPS中有很多简单易用的美化幻灯片的功能，我们一起跟着小王学习这些功能。

项目目标

（1）会从WPS的海量演示文稿模板中下载所需模板。
（2）会用WPS智能美化功能美化页面。
（3）会从WPS网络模板中新建适合的幻灯片。

知识地图

项目3.4知识地图如图3-40所示。

图3-40 项目3.4知识地图

项目 3.4　演示亮相锦上添花

任务 3.4.1　运用 WPS 演示文稿模板

下载 WPS 演示模板

任务描述

运用 WPS 演示文稿模板，可以提升美感、提高工作效率。WPS 中有大量模板，要学会利用。小王使用的方法是下载一个演示文稿模板，再把内容添加进去。

任务目标

会搜索、下载和运用 WPS 演示文稿模板。

知识准备

WPS 中有大量演示文稿模板资源，有付费的，也有免费的，本任务主要介绍如何下载免费演示文稿模板。

图 3-41　"稻壳"页面

任务实施

第一步：打开 WPS，进入"稻壳"页面，如图 3-41 所示。

第二步：在搜索栏中输入"免费"，如图 3-42 所示。

图 3-42　搜索栏

第三步：单击"搜索"按钮，将显示很多免费演示文稿模板，勾选"演示"复选框，确定演示文稿范围，如图 3-43 所示。

117

图 3-43　确定演示文稿范围

第四步： 选择一款演示文稿模板，单击"免费下载"按钮，如图 3-44 所示。

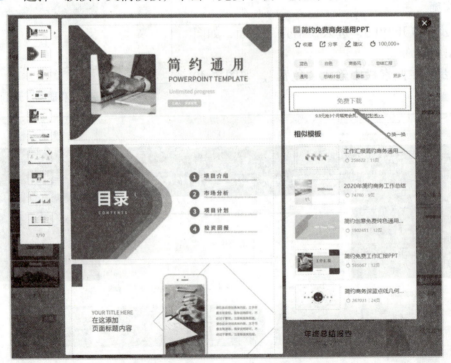

图 3-44　免费下载演示文稿

第五步： 下载时可能需要注册。下载后，选择"文件"→"另存为"命令就能使用了。

任务总结

　　还有很多其他网站提供 WPS 演示文稿下载资源，例如"http://www.686ppt.com/"。使用 WPS 演示文稿模板是目前美化 WPS 演示文稿的普遍方式。

项目 3.4 演示亮相锦上添花

任务 3.4.2　WPS 智能美化

WPS 智能美化

任务描述

WPS 的智能美化功能可以非常快速、智能地帮助人们完成幻灯片的美化。在本任务中，我们跟着小王一起尝试在只有文字的情况下快速美化幻灯片。

任务目标

（1）会用 WPS 对幻灯片进行智能美化。
（2）会从 WPS 网络模板中新建适合的幻灯片。

知识准备

先把演讲主题的逻辑理清，然后按照一定的逻辑把文字分到几张幻灯片中，重要的内容要突出强调。

任务实施

第一步： 根据自己的理解，把内容分散到几张幻灯片中，每张幻灯片都总结出一个主题，如图 3-45 所示。

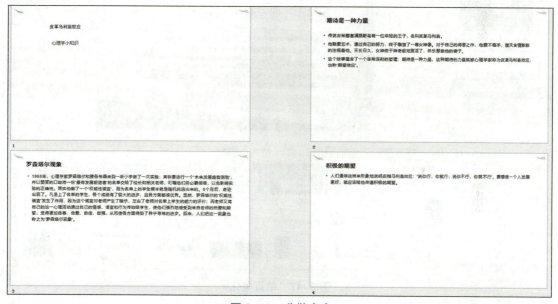

图 3-45　分散内容

第二步： 在屏幕下方选择"智能美化"→"全文美化"命令，选择一个模板并应用，如图 3-46 所示。

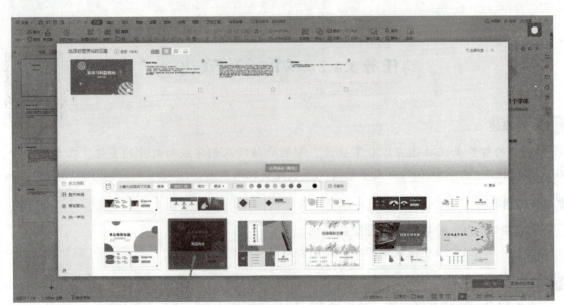

图 3-46 全文美化

第三步：在进行全文美化后，在第一次美化的基础上进行第二次美化。选中第 2 张幻灯片，选择"智能美化"→"单页美化"命令，选择一个效果并应用，如图 3-47 所示。

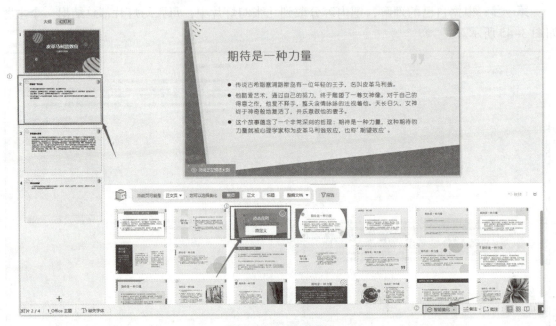

图 3-47 单页美化

第四步：将关键词"神奇般""皮革马利翁效应""期望效应"放大、加粗，让观众能迅速抓住重点。

第五步：用同样的方法，对第 3 张幻灯片单页美化后，再放大、加粗关键词，效果如图 3-48 所示。

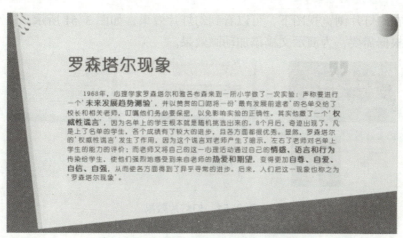

图 3-48　第 3 张幻灯片单页美化效果

第六步： 用相同的方法，快速美化第 4 张幻灯片，效果如图 3-49 所示。

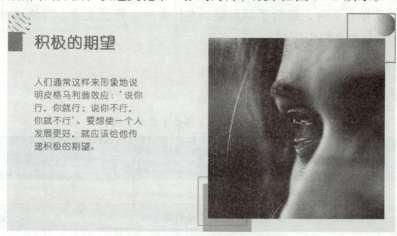

图 3-49　第 4 张幻灯片单页美化效果

第七步： 添加一个结束页。单击第 4 张幻灯片，单击"+"号，新建一张结束页，如图 3-50 所示。

图 3-50　添加一张结束页

第八步：在幻灯片浏览视图下，可以看到幻灯片效果，如图 3-51 所示。
第九步：根据需要，为演示文稿添加动画效果。

图 3-51　幻灯片效果

任务总结

利用 WPS 的智能美化功能可以非常方便快速地美化幻灯片，可以多次美化，比如第一次全文美化，第二次单页美化，最后手动调整。本任务只准备了文字，当然也可以运用图片、文字，音、视频让演示文稿更生动。

项目评价

项目 3.4 评价（标准）表见表 3-4。

表 3-4　项目 3.4 评价（标准）表

项目	评分细则	评价 （是否掌握）	评价依据
项目知识	掌握 WPS 模板、智能美化的使用方法		回答问题
图文版式	文字设计简洁有力，与图片配合相得益彰		文字设计、图文混排
视觉感受	色彩搭配协调，有视觉冲击力		图文整体效果
技术应用	软件使用过程规范、有条理		课上练习观察、演示文稿作品检查
小组协作	积极参与小组工作，有明确任务，作品反复修改完善，最终按要求完成设计		课上练习观察

项目小结

本项目主要学习运用 WPS 模板和 WPS 智能美化功能美化演示文稿的方法。根据 WPS 的发展来看，目前智能美化功能是会员项目。WPS 演示文稿制作完成后，还可以把它上传到模板库中，供别人搜索使用。

练习与思考

通过原创、WPS 模板或智能美化功能，将心理学小知识制作成与本项目不一样的 WPS 演示文稿。

模块 4
信息检索畅游网络

　　信息检索是人们进行查询和获取信息的主要方式，是信息化时代人们基本的信息素养之一。掌握网络信息的高效检索方法，是现代信息社会对高素质技术技能人才的基本要求。

　　随着互联网的普及和电子商务的发展，企业和个人可获取、需处理的信息量呈爆发式增长，而且其中绝大部分是非结构化和半结构化数据。内容管理的重要性日益凸显，而信息检索作为内容管理的核心支撑技术，是获取知识的捷径，是科学研究的向导，是终身教育的基础。随着内容管理的发展和普及，信息检索被应用到各个领域，成为人们日常工作、生活的重要方法和手段。

项目 4.1 搜索引擎来帮忙

情景再现

2021年是中国共产党建党百年华诞。小王和他的小伙伴决定制作一组展板,让更多人了解100年来党走过的光辉路程和取得的伟大成就。经过讨论,制作小组初步拟定了展板的目录框架,那么如何根据确定的目录找到更翔实的内容呢?

项目描述

本项目主要介绍信息检索的概念、网络搜索引擎的基本原理和发展历史,以及搜索引擎的一般使用方法。在此基础上,本项目还介绍了几种常用的通用搜索引擎和垂直搜索引擎。

项目目标

(1)了解信息检索的概念。
(2)了解搜索引擎的基本原理和发展历史。
(3)了解通用搜索引擎与垂直搜索引擎的概念以及它们的区别。
(4)了解常用的通用搜索引擎和垂直搜索引擎。

知识地图

项目4.1知识地图如图4-1所示。

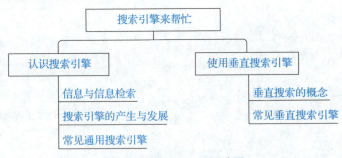

图 4-1　项目 4.1 知识地图

任务 4.1.1 认识搜索引擎

任务描述

在网络信息时代,搜索引擎是互联网的主要入口,也是人们获取信息的主要方式。事实上,许多人打开计算机的第一件事就是打开搜索引擎页面,遇到任何疑问或需要进一步了解的内容时,人们都会习惯性地使用搜索引擎查询。那么搜索引擎是在什么背景下产生的?它为何会有如此神奇的魔力?本任务介绍网络搜索引擎的发展历史和基本原理。

任务目标

(1)了解搜索引擎的产生背景和发展历史。
(2)了解几种常见的通用搜索引擎。

知识准备

在这个信息爆炸的时代,一方面,人们的周围充斥着各种各样的信息,信息无处不在;另一方面,人们需要的信息又不会主动被获取,人们需要一种方式或手段主动寻找有用的信息。根据需要,采用合理工具在信息的海洋中主动获取有用信息的过程就是信息检索的过程。小到准备一篇演讲稿,大到撰写一篇学术专著,都需要进行信息检索,参考和借鉴前辈、同行的成果,以获得相关领域较为丰富全面的信息,来提升所创作内容的水平和质量。

在计算机网络技术还未普及之前,信息检索还是图书情报领域的一个专业词汇。那时人们要检索的信息内容远没有今天这么丰富,一般只能在图书馆、报纸期刊室等专业场所查看或借阅纸质文献;检索手段也没有今天这么便利,如果要检索一本书,需要用复杂而笨重的卡片检索系统(图 4-2)。

图 4-2 图书馆的卡片检索系统

后来,随着互联网的产生和发展,网络逐渐成为人们获取信息的主要阵地。一开始,互联网上的网站及其信息内容是有限的,人们通过访问网站地址和它们各自的目录结构就能方便地找到自己需要的内容,这有点像在一个藏书不太多的图书馆,并不需要费多大力气就能找到需要的书籍。

计算机网络系统相对于传统纸质文献系统的优势,使越来越多的信息内容在互联网被存储与分享。在最近几十年,伴随着计算机网络技术的飞速发展,互联网及其信息内容呈现出了爆炸性增长,并逐渐取代传统的纸质文献系统,成为汇聚和传承人类知识的信息海洋。这个时候,人们已经不可能仅依靠翻阅网站和目录的方式获得需要的信息内容。在这种情况下,搜索引擎应运而生。

搜索引擎自20世纪90年代诞生至今，已经经历了几次迭代升级。

第一代的搜索引擎以1994年的Yahoo!为代表，它采用人工编辑导航目录的方式，类似于今天的Hao123等导航网站。这种导航方式事实上并不是真正的主动搜索，从严格意义上说并不能称为搜索引擎。

随着时间的推移，互联网上的网站越来越多，网站的内容也越来越丰富，被动式的人工编辑导航目录逐渐不再适用，人们迫切需要一种能够主动对网页内容进行查找的方式。1998年，谷歌公司成立，它使用链接分析和网页排序技术，大幅提升了搜索的针对性和准确度，奠定了搜索引擎"搜索框+关键词"的经典模型。今天在世界范围内，谷歌几乎就是搜索引擎的代名词。谷歌公司成立两年以后的2000年，李彦宏在北京创立百度公司，使用"超链分析"技术，专注于中文语境下的网络搜索，目前百度已经成为全球最大的中文搜索引擎。

谷歌和百度公司成立以后的20多年以来，搜索引擎变得越来越人性化和智能化。如今，搜索引擎已经成为互联网的主要入口，成为最重要的互联网基础服务工具之一。

任务实施

1. 认识常见的搜索引擎

目前在国内，使用最广泛的搜索引擎是百度（http://www.baidu.com，图4-3），根据不同的统计源，百度的份额均占到了60%以上。除百度外，使用人数比较多的搜索引擎还有：

搜狗搜索：https://www.sogou.com/（图4-4）；

360搜索：https://www.so.com/（图4-5）；

必应搜索：https://cn.bing.com/（图4-6）。

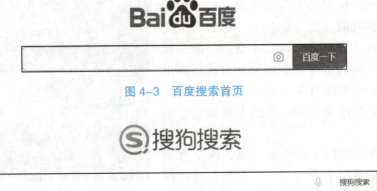

图4-3　百度搜索首页

图4-4　搜狗搜索首页

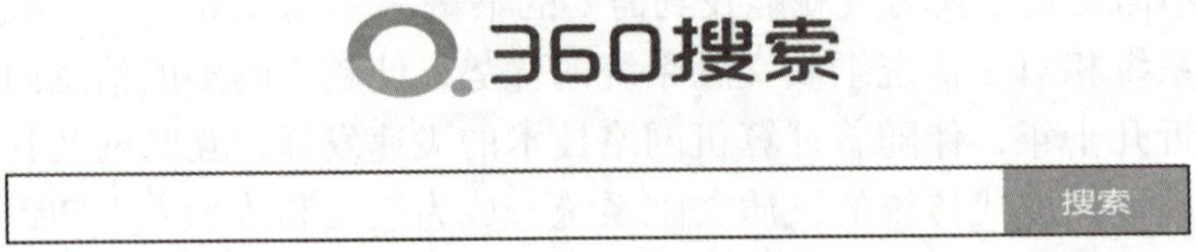

图4-5　360搜索首页

图 4-6 必应搜索首页

2. 搜索引擎的基本使用方法

在大多数情况下，只需要在搜索框里输入一个关键词，搜索引擎就能按照这个结果界面中内容的相关度排序，返回备选的搜索结果页面，需要在这个结果页面中依据摘要信息大致判断这个词条是否属于目标信息，如果属于目标信息就点击词条继续查看，搜索引擎将跳转到来源网页。图 4-7 和图 4-8 所示为使用百度和必应搜索两个搜索引擎，在搜索框中输入关键词"中国共产党建党 100 周年"后的返回结果页面。

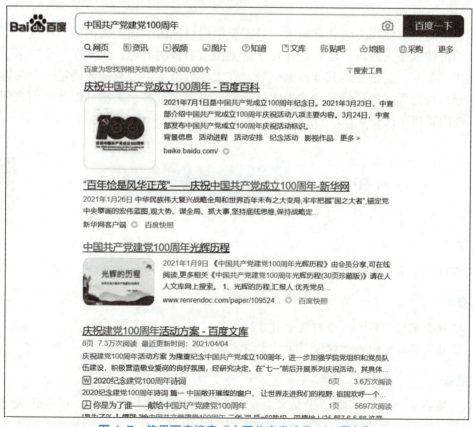

图 4-7 使用百度搜索"中国共产党建党 100 周年"

模块 4　信息检索畅游网络

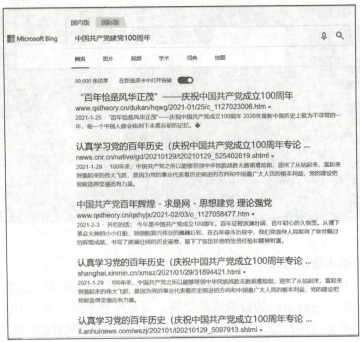

图 4-8　使用必应搜索搜索"中国共产党建党 100 周年"

任务总结

搜索引擎的基本使用方法非常简单，只需要根据目标内容确定关键词，在搜索框中输入关键词，单击搜索按钮既可。需要记住几个常见搜索引擎的名称，以便在一个搜索引擎中不能找到理想结果时，尝试使用其他搜索引擎。在大多数情况下，只需要确定一个关键词就足够了，但是，在处理一些比较复杂的搜索任务时，可能涉及多个关键词以及它们之间的逻辑关系，这些内容将在任务 4.1.2 中介绍。

任务 4.1.2　使用垂直搜索引擎

使用垂直搜索引擎

任务描述

使用专门的搜索引擎搜索特定类型的信息内容。

任务目标

（1）了解垂直搜索引擎与通用搜索引擎的概念以及它们的区别。
（2）了解使用常用的垂直搜索引擎搜索特定类型信息内容的方法。

知识准备

使用百度搜索时，返回的结果是来自全网的各种类型的信息内容，虽然比较丰富、全面，但在某些情况下却缺乏针对性，特别是在对搜索内容的类型有明确要求的情况下。垂直搜索引擎是与通用（或综合）搜索引擎相对的一个概念，就是有针对性地为某一特定领域、某一特定人群或某一特定需求提供专门的信息检索服务，以满足用户个性化的信息需求（比如图片搜索、新闻搜索、社交信息搜索、商品搜索、企业信息搜索等）的搜索引擎。

目前垂直搜索引擎基本上分为 3 类：

一是来自通用搜索引擎的"兼职"，比如百度除了有默认的全文搜索以外，还有专门的新闻搜索、图片搜索、视频搜索等频道。

二是来自大型网站的"站内搜索"，比如微博搜索、微信"搜一搜"等可以搜索来自微博、朋友圈、公众号上的社交信息内容。

三是一些从不同行业网站采集信息、专注于某种类型信息的专门垂直搜索引擎，比如从不同电商网站采集信息，进行价格趋势对比的比价类网站等。

任务实施

1. 图片搜索

小王需要搜索中共一大红船的照片用于展板内容，应该如何完成搜索？

进行图片搜索，可以使用通用搜索引擎的图片频道，也可以使用专门的图片数据库网站。图 4-9 和图 4-10 所示分别是使用百度图片频道（https://image.baidu.com/）和昵图网（http://www.nipic.com/）搜索"中共一大红船"时返回的搜索结果。

图 4-9　使用百度图片频道搜索"中共一大红船"时返回的结果

图 4-10　使用昵图网搜索"中共一大红船"时返回的结果

2. 新闻搜索

小王想要了解各地庆祝建党100周年的活动信息，应该如何完成搜索？

新闻搜索聚焦于各级各类新闻媒体报道的新闻资讯，具有比较鲜明的时效性。同样可以使用百度的资讯频道（http://news.baidu.com/）进行新闻搜索。图4-11所示为使用百度资讯频道搜索"庆祝建党100周年"时返回的结果。

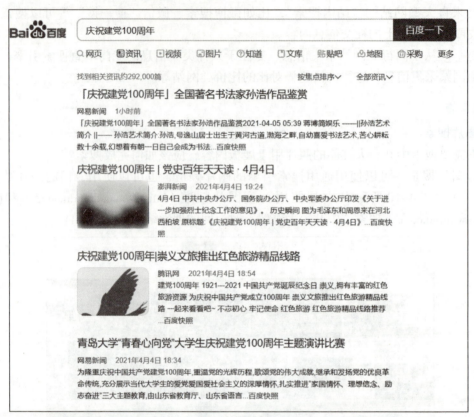

图4-11　使用百度资讯频道搜索"庆祝建党100周年"时返回的结果

3. 社交信息搜索

小王想到在一些微信公众号上也有许多有价值的内容，于是为了更加全面地收集展板的参考资料，小王决定搜集一些来自社交媒体的有用信息。

目前最主要的两大社交平台——微信和微博都嵌入了自己的搜索服务入口，可以使用它们的站内搜索工具搜索来自微博、微信朋友圈和公众号的社交信息内容。

微博搜索的网址是 https://s.weibo.com/。图4-12和图4-13所示分别是微博搜索首页和使用微博搜索搜索"建党100周年"时返回的结果。

图4-12　微博搜索首页

图 4-13 使用微博搜索搜索"建党 100 周年"时返回的结果

微信的搜索工具集成在"发现"选项卡的"搜一搜"里（图 4-14），可以搜索全部内容，也可以按照朋友圈、公众号、小程序等指定类型进行搜索（图 4-15）。

图 4-14 微信"搜一搜"入口

图 4-15 "搜一搜"返回结果页面

任务总结

垂直搜索引擎作为通用搜索引擎的重要补充，专注于某一行业、专业或类型的信息内容的搜索，也因为这个原因，垂直搜索引擎的种类多样，五花八门。人们自然不可能将这些不同类型的搜索工具一一记住，为了解决这个问题，现在出现了许多"搜索引擎的搜索引擎"，它集成了非常多类型的垂直搜索引擎，只需要记住一个网址就能够跳转到其他的专门搜索引擎。图 4-16 所示是搜索引擎集成网站"虫部落"（https://search.chongbuluo.com/）首页，可以看出，它集成了音乐、购物、图片、地图、图标、电子书等数十种类型的垂直搜索引擎。

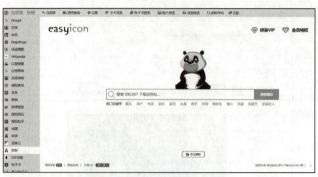

图 4-16 搜索引擎集成网站"虫部落"首页

项目评价

项目 4.1 评价(标准)表见表 4-1。

表 4-1 项目 4.1 评价(标准)表

项目	学习内容	评价 (是否掌握)	评价依据
任务 4.1.1 认识搜索引擎	信息检索的概念		课上提问反馈
	搜索引擎的产生与发展		课上提问反馈
	常见通用搜索引擎		课上练习观察、案例操作
任务 4.1.2 使用垂直搜索引擎	垂直搜索的概念		课上提问反馈
	常见垂直搜索引擎		课上练习观察、案例操作
技术应用	搜索引擎使用规范合理、有条理、有逻辑		课上练习观察
效果转化	能将所学应用到课外任务,并拓展掌握更多操作		课外作业

项目小结

搜索引擎伴随着互联网的发展而产生,又随着互联网信息内容的逐步丰富而发展。从最初的人工编制目录导航,到如今语音识别、语义分析、大数据、人工智能等各种新技术的全方位应用,搜索引擎变得越来越人性化和智能化。为了适应不同精度的搜索要求,搜索引擎又分化出以百度为代表的通用搜索引擎和专注于某一具体类型信息的垂直搜索引擎。应该利用好搜索引擎这个互联网的第一入口,做"信息的主人",在各种情境中都能使用合适的搜索引擎找到需要的信息内容。

练习与思考

1. 在日常的生活和学习中,你最常用哪一个通用搜索引擎?为什么?
2. 你有哪些好用的垂直搜索引擎向大家推荐?推荐理由是什么?

项目 4.2

高效搜索有方法

情景再现

在项目1中，小王使用网络搜索引擎为庆祝建党100周年的展板内容收集到许多有用的信息资料，但是在使用过程中，小王也发现了许多问题。在有些情况下，搜索引擎并不能非常准确或高效地返回小王想要的搜索结果：有时展示了太多不相关的内容，小王需要向后翻好几页才能找到满意的搜索备选项；有时又会返回太少的搜索结果，小王根本找不到满意的搜索备选项。是搜索引擎太笨了吗？还是小王的搜索方法有问题？事实上，搜索引擎非常聪明，并且近年来随着人工智能技术的快速发展变得越来越聪明，在多数情况下都会在第一页的前几个词条就会返回非常高质量的搜索备选项。但是搜索引擎毕竟是机器，在目前的条件下，人与搜索引擎之间的人－机交流还不可能向人－人交流那样顺畅自然。要更好地驾驭搜索引擎，需要一些人和搜索引擎都能懂的"暗号"，掌握了这些"暗号"，就能更加高效地和搜索引擎对话，让搜索引擎更好地理解人们的想法，从而更加准确或高效地返回人们想要的搜索结果。

项目描述

本项目从模拟真实的搜索情境出发，带领同学们在不断进阶的搜索任务实践中掌握各种高效使用网络搜索引擎的技巧和方法。本项目的主要内容包括合理确定搜索关键词、使用布尔逻辑、使用搜索指令搜索以及使用高级搜索页面搜索。

项目目标

（1）能够根据搜索目标内容合理确定搜索关键词或关键词组合。
（2）能够根据搜索目标内容选择合适的布尔逻辑搜索方式。
（3）能够根据搜索目标内容选择合适的搜索指令以缩小搜索范围。
（4）能够使用高级搜索页面完成综合性的多条件搜索。

知识地图

项目4.2知识地图如图4-17所示。

模块 4　信息检索畅游网络

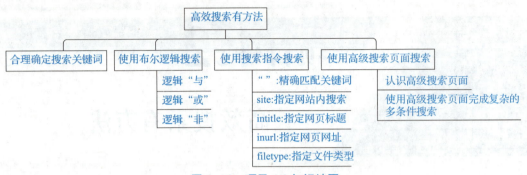

图 4-17　项目 4.2 知识地图

任务 4.2.1　合理确定搜索关键词

任务描述

在本任务中，我们和小王一起，为展板中的"长征"这一章节搜索相关资料，在资料搜索过程中一起体会和总结如何根据实际情况合理确定搜索关键词以提高搜索效率。

任务目标

能够根据搜索目标合理确定搜索关键词或关键词组合。

知识准备

网络信息检索的过程，就好像站在信息海洋边，使用搜索引擎这把"信息之网"筛选出需要的"信息之鱼"。在抛出这个"信息之网"前，应该首先确定到底需要多大的鱼获，因为这直接决定了应该给网开多大的口子：口子开得太小，可能会捞出太多不需要的小鱼小虾，而口子开得太大，则很有可能一无所获。同理，在使用搜索引擎时，也要根据实际情况划定搜索关键词：既不能太模糊，那样会出现太多不需要的结果；在有些情况下也不能太精确，那样可能会遗漏许多有用的内容。实际上，复杂的搜索任务往往不是一次就能找到满意的备选项，而是一个动态的过程，根据搜索反馈不断调整搜索关键词组合。

图 4-18　搜索关键词为"长征"的搜索反馈页面

任务实施

1. 搜索"长征"的相关内容

考虑以下情境：小王想在自己的一期展板上展示"长征"的相关内容，最开始小王并没有特别的目标内容指向，仅想大概了解一下这个主题，通过浏览备选项确定展板的具体内容。这时小王应该在搜索框中输入什么搜索关键词呢？毫无疑问是"长征"这 2 个字，搜索引擎返回了互联网上包含这 2 个字的所有文章和多媒体内容，如图 4-18 所示。

2. 搜索电视剧《长征》的相关内容

通过浏览反馈结果，小王了解到"长征"至少有4种不同的意义解释：历史事件本身、同名电影、同名电视剧、同名七律诗。小王发现反馈结果中同名电视剧的相关备选项较少，那么如果小王想了解电视剧《长征》的更多信息，应该在搜索框中输入什么搜索关键词呢？根据经验，直接在搜索框中输入"长征"也会返回与同名电视剧相关的词条，但是可能每5个甚至更多个词条中才会出现一个，尽管最后可能也能找到想要的搜索内容，但却十分低效，没有充分发挥搜索引擎强大的筛选功能。

这时候就有必要改进一下搜索关键词，尝试缩小搜索范围。只需要在"长征"这个搜索关键词的基础上再加上一个搜索关键词"电视剧"，就过滤掉了大部分与同名电视剧无关的相关搜索结果，现在返回的搜索结果就只剩下与同名电视剧相关的内容了（图 4-19）。增加一个搜索关键词，大大提升了搜索效率。

3. 搜索电视剧《长征》赏析评论的有关内容

在浏览了一些搜索选项之后，小王对电视剧《长征》有了浓厚的兴趣，他现在想获得更多关于这部电视剧的赏析评论的信息，那么此时之前的"长征 电视剧"组合关键词还是一个好的选项吗？显然，因为搜索目标内容的精度发生变化，需要调整搜索关键词以获得更加高效的搜索反馈，将搜索关键词定为"长征 电视剧 赏析"或许是个不错的选择（图 4-20）。

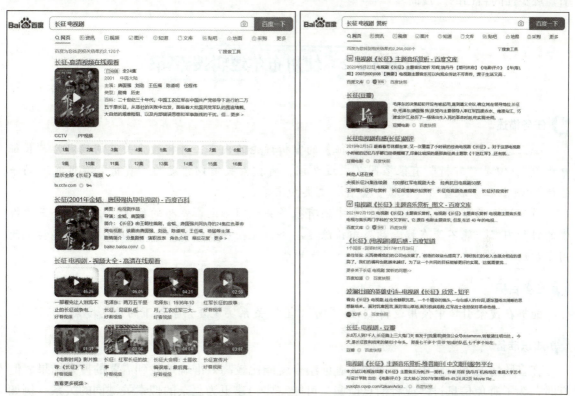

图 4-19 搜索关键词为"长征 电视剧"的搜索反馈页面

图 4-20 搜索关键词为"长征 电视剧 赏析"的搜索反馈页面

任务总结

在上面的3个例子中，通过增加搜索关键词逐步缩小搜索范围，不断获得更为精确的搜索结果，那么是不是搜索关键词越多就越好呢？理论上，搜索关键词越多，返回的搜索结果越少，搜索越精确，但是搜索关键词的增多，也有可能意味着其他重要有用信息的遗漏。例如，通过增加一个搜索关键词"赏析"，小王将搜索结果聚焦于电视剧《长征》的评价赏析内容，但是赏析有许多同义词，比如欣赏、鉴赏等，将"赏析"作为搜索关键词意味着搜索引擎会把有关油画的"欣赏""鉴赏"文章过滤掉或者排在靠后的位置，而这些内容也是小王想要搜索的有用内容（关于这个问题的解决办法，在任务2中继续探讨。）

值得一提的是，很多人出于日常的语言习惯，常常无意识地将一些口语化的表达输入搜索框，这不仅降低了搜索效率，也会将许多无意义的信息列为搜索关键词，大大减少了搜索结果，可能会造成很多重要有用信息的遗漏。例如小王在展板设计制作过程中电脑突然蓝屏，许多人遇见这样的情况可能会在搜索框中输入"电脑蓝屏了怎么办？代码是0x1a0000"类似的口语化语句，但实际上这一长串搜索关键词中真正有用的是"蓝屏"和"0x1a0000"。

搜索关键词不是越多越好，也不是越少越好，主要看具体的搜索目标的精度要求。能够根据搜索任务选择合理的、恰当的搜索关键词，这是使用搜索引擎的重要基础要求。搜索关键词的确定没有统一的规则和要求，它是一个动态的过程，同学们需要不断地尝试和总结，逐步提高自己的"搜商"。

任务 4.2.2　使用布尔逻辑搜索

任务描述

小王想搜索一些关于电视剧《长征》的赏析评论的内容，并将搜索关键词确定为"长征 电视剧"，但是"赏析"有很多同义或近义词，将搜索关键词锁定为"赏析"有可能遗漏一些诸如"《长征》欣赏""《长征》鉴赏"之类的文章。

另外，小王发现在搜索结果列表中还有很多关于同名电影赏析的条目，这不是小王的搜索的目标内容，能不能在搜索结果中排除这些条目呢？在本任务中，我们和小王一起尝试使用布尔逻辑处理搜索关键词之间复杂的逻辑关系。

任务目标

能够在搜索引擎中使用逻辑"与""或""非"关系实现复杂条件下的信息搜索。

知识准备

在多数情况下，使用几个搜索关键词组合就能比较高效准确地找到需要的搜索结果，但有时，为了避免信息过多或者信息遗漏，可能需要构建更为复杂的搜索关键词的关系。例如在任务4.2.1中，搜索有关电视剧《长征》的评论赏析文章（可能包含"赏析""欣赏""鉴赏"等搜索关键词），这里的"赏析""欣赏""鉴赏"就是一种逻辑"或"关系，它们不是在搜索词条中一起出现，而是只要出现某一个就满足要求，这种逻辑关系不能通过简单地罗列搜索关键词来实现（搜索关键词罗列是另一种逻辑关系——"与"）。还有一种逻辑关系是"非"，比如某次的搜索尝试中高频出现某个不相关的词，这时就会想如何让这个不相关的词不再出现在搜索结果列表中。使用"与""或""非"这3种逻辑关系或者它们之间更复杂的逻辑关系组合，就能够完成一些要求更精确、更复杂的搜索任务。

（1）逻辑"与"表达式为 A B（中间加空格）或者 A+B，表示搜索结果同时包含 A 和 B 搜索关键词，搜索关键词越多，搜索范围越小，返回的搜索结果越少。逻辑"与"是一种叠加关系，如图 4-21 所示。逻辑"与"关系比较简单，任务 1 中的举例均是逻辑"与"关系，这里不再赘述。

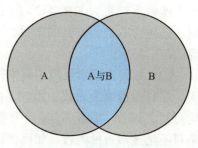

图 4-21 逻辑"与"示意

需要说明的是，在逻辑"与"关系中，搜索关键词之间必须以空格相隔或以加号相连（较少使用），否则两个搜索关键词被视为未被分离的同一个搜索关键词。

（2）逻辑"或"表达式为 A|B，表示搜索结果至少包含 A 和 B 中的一个，和逻辑"与"相反，逻辑"或"的搜索关键词越多，搜索范围越大，返回的搜索结果越多。逻辑"或"是一种并列关系，如图 4-22 所示。

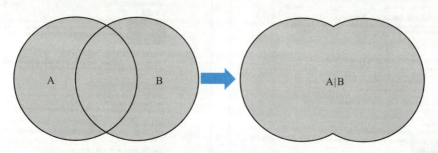

图 4-22 逻辑"或"示意

（3）逻辑"非"表达式为 A -B（注意："-"号前面有空格），表示在返回 A 搜索关键词的搜索列表中排除包含 B 的备选项。逻辑"非"是一种排除关系，如图 4-23 所示。

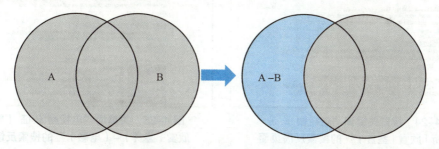

图 4-23 逻辑"非"示意

任务实施

（1）如何一次性尽可能多地搜索有关电视剧《长征》的评论赏析文章（可能包含"赏析""欣赏""鉴赏"等搜索关键词）？

仔细分析不难发现，这里其实有两层关系："赏析""欣赏""鉴赏"这几个搜索关键词是

逻辑"并"关系，即出现任何一个即可，表达式为"赏析|欣赏|鉴赏"；而这几个词又和"电视剧""长征"两个词共同构成逻辑"与"关系。因为涉及多重关系，需要借助括号区分优先级，整个搜索式可表示为：

电视剧 长征（赏析|欣赏|鉴赏）

搜索反馈页面如图 4-24 所示。可见，搜索结果不仅包含有关电视剧《长征》的赏析条目，还包含欣赏、鉴赏的条目，比较好地满足了在缩小搜索范围的同时尽量避免遗漏重要内容的搜索要求。

（2）如何在搜索反馈页面中排除有关电视剧《长征》的相关项目？

尽管在搜索表达式中添加了限定词"电视剧"，但是由于电视剧和电影同属于艺术范畴，均可对其进行"赏析""鉴赏"等活动，搜索结果中仍有一些与同名电影相关的条目，这些条目不是搜索目标内容。如何将这些条目排除呢？这就是一种典型的逻辑"非"关系。

根据逻辑"非"关系的表达式，可以将整个搜索表达式调整为：

电视剧 长征（赏析|欣赏|鉴赏）-（电影）

搜索反馈页面如图 4-25 所示。

图 4-24 搜索关键词"电视剧 长征（赏析|欣赏|鉴赏）"的搜索反馈页面

图 4-25 关键词"电视剧 长征（赏析|欣赏|鉴赏）-（电影）"的搜索反馈页面

任务总结

布尔逻辑的合理使用，可以明显提高的搜索精度和效率，是应当掌握的搜索基本功之一。使用布尔逻辑搜索之前，应该明确搜索要求，厘清搜索关键词之间的逻辑关系，避免错误套用。在搭配使用多个逻辑关系时，可以借助"（）"确定优先级，以实现更为复杂条件下的逻辑搜索。

值得指出的是，不仅在搜索领域，布尔逻辑在逻辑学、数字电子、计算机硬件和软件等多个领域中都发挥着重要的作用。同学们应该认真体会"与""或""非"3种基础逻辑关系以及在此基础上衍生的各种更为复杂的关系。

任务 4.2.3　使用搜索指令搜索

任务描述

有了布尔逻辑运算符的帮助，搜索引擎变得更聪明，小王现在可以用一个搜索指令来完成非常复杂的搜索过程。但是，在处理一些特殊的搜索任务时，搜索引擎似乎还是不够聪明，小王觉得有些棘手。例如，有时小王需要输入一个比较长的短语或句子作搜索关键词，但是搜索引擎总是自作聪明地把这个长搜索关键词自动拆分成几个短的词。有一次小王想搜索一些别人已经做好的展板或者演示文稿文件作为参考，那么有没有办法让搜索结果只展示 PDF 或者 PPT 文件而不是网页呢？

小王还发现了一个比较好的网站，上面有许多质量很高的参考资料，但可惜的是这个网站的站内搜索功能实在太弱，小王可不可以使用百度或其他通用搜索引擎只搜索这个网站内的相关资料呢？

在本任务中，我们和小王一起学习几种常见的搜索指令，尝试解决小王遇到的几个难题。

任务目标

根据实际情况选择合适的搜索指令返回满足某一特殊条件的搜索结果。

知识准备

小王遇到的这些难题，以后我们在搜集资料的过程中或许也会遇到，它们实际上都是在原来搜索结果的基础上返回一个子集，这个子集满足某个特殊条件：例如只返回某一种文件类型的搜索结果，或者只返回来自某网站的搜索结果，或者只返回精确匹配输入搜索关键词的搜索结果等。为了响应这些特殊的搜索请求，搜索引擎定义了一些特殊的搜索指令。常用的搜索指令见表 4-2。

表 4-2　常用的搜索指令

指令	作用
"搜索关键词"	返回精确匹配搜索关键词的搜索结果
site: 网址 搜索关键词	返回来自某一指定网站的搜索结果
filetype: 文件类型 搜索关键词	返回满足某一指定文件类型的搜索结果
intitle: 搜索关键词	返回网页标题包含搜索关键词的搜索结果
inurl: 搜索关键词1 搜索关键词2	返回网址中包含搜索关键词1的搜索结果

任务实施

1. 使用"搜索关键词"进行精确匹配搜索

使用双引号将搜索关键词括起来则告诉搜索引擎这是完整的一个搜索关键词，返回的结果需要精确匹配给定搜索关键词，不得截断、拆分等，常用来处理给定搜索关键词有较多歧义结果或者长搜索关键词被自动拆分的情况。

小王想搜索"南京高等职业技术学校"的相关词条，但他发现返回结果中包含有许多"南京××高等职业学校""江苏××职业学校"等无关条目，如何处理呢？这时就需要用双引号将搜索关键词括起来，搜索引擎返回精确匹配搜索关键词的搜索结果，过滤掉一些无关条目，从而提升了搜索效率。图4-26和图4-27对比了不加引号和加上引号后搜索引擎返回的搜索结果。

图4-26 搜索关键词不加引号的搜索结果

图4-27 搜索关键词加上引号的搜索结果

2. 使用"site:"指令返回某一指定网站的搜索结果

在搜集资料的过程中，小王发现"知乎"是一个很好的内容分享网站，他常常能在知乎网站上找到质量非常高的评论文章。虽然知乎的内容质量很高，但网站内嵌的搜索功能似乎有些弱，小王发现排名靠前的结果条目常常相关度不高，那么能不能使用百度这类通用搜索引擎来搜索某个指定网站的内容呢？答案是肯定的，这里需要使用"site:"指令。

"site:"指令的完整表达式是"site: 网址 搜索关键词"，这里要注意两点：

（1）网址不要加"http://"等协议前缀，只需要加域名即可，如"知乎"网站的网址是"https://www.zhihu.com/"，这里只需要写域名"zhihu.com"即可。

（2）"site: 网址"与搜索关键词之间留有一个空格。

现在尝试使用百度搜索"知乎"网站上有关"长征"的内容，表达式应该写为：

site:zhihu.com 长征

图 4-28 和图 4-29 展示了使用"知乎"网站内嵌的搜索功能和使用百度搜索的"知乎"网站上有关"长征"的内容。

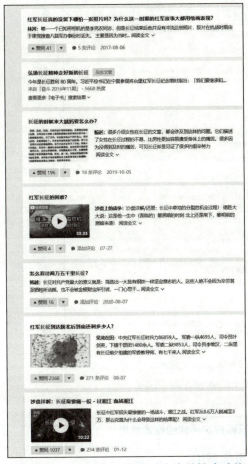

图 4-28 使用"知乎"网站内嵌的搜索功能搜索有关内容

图 4-29 使用百度搜索"知乎"网站的内容

3. 使用"filetype:"指令搜索指定类型文件

通用搜索引擎默认返回的是来自全网、包含全部文件类型的搜索内容，但有时只需要某一文件类型（如".docx"文件、".pptx"文件、".pdf"文件等）的文件作为参考，这时就需要"filetype: 指令"来告诉搜索引擎缩小搜索范围，只返回指定类型的文件。

"filetype: 指令"的完整表达式是"filetype: 文件类型 搜索关键词"，这里同样有两个需要注意的地方：

（1）文件类型指具体的文件格式名，如 doc、ppt 等。

（2）"filetype: 文件类型"与搜索关键词之间留有一个空格。

现在尝试使用"filetype:"指令搜索包含搜索关键词"长征"的 PDF 文件，表达式可以写为：

filetype:pdf 长征

从图 4-30 可以看出，备选项只列出了 pdf 格式的搜索结果。

图 4-30　使用"filetype:"指令返回指定格式的搜索结果

4. 使用"intitle:"指令指定搜索关键词位于网页标题中

搜索引擎返回的搜索结果中，搜索关键词可能出现在网页标题中，也可能出现在网页内容中，在多数情况下，这保证了搜索结果的全面性，一定程度上避免了重要数据的遗漏。但在有些情况下，为了提高搜索效率，可能需要搜索关键词必须出现在网页标题的词条（网页标题是一个网页的总结性纲领，在一定程度上搜索关键词出现在网页标题比出现在网页内容里更具相关性），这时候就需要借助"intitle:"指令。

"intitle:"指令的表达式很简单，即"intitle: 搜索关键词"，这里"intitle:"与搜索关键词之间无须加空格。需要说明的是，如果要标题中包含超过一个搜索关键词时，则需要在搜索关键词部分外面加上一个括号来确保优先级。这时表达式就写为：

intitle:（搜索关键词 1 搜索关键词 2 搜索关键词 3 …）

小王想搜索"长征""赏析"两个搜索关键词都出现在网页标题的信息内容（图 4-31），表达式就可以写为：

intitle:（长征 赏析）

图 4-31　使用"intile:"指令指定网页标题包含搜索关键词

5. 使用"inurl:"指令指定搜索关键词出现在网页网址中

"inurl:"是一个非常有用的搜索指令，它要求返回的搜索结果页面的网址必须包含指定搜索关键词。每个网页都有一个网址，而每个网址都从属于某一种域名类型，如".com"".cn"".edu.cn"".gov.cn"等域名类型。网页的域名类型在一定程度上反映了这个网页的信息属性，如在一般情况下，".gov.cn"网址的信息比其他域名类型的更权威，网址中包含".edu.cn"的都是高校发布的信息，而一个网址中包含"video"的页面则很有可能与视频或视频技术有关。利用这个特性，可以使用"inurl:"指令缩小搜索范围，提升搜索效率。

"inurl:"指令一般情况下至少包含两个搜索关键词，其表达式可写为：

　　　　　　　　　　inurl: 搜索关键词1　搜索关键词2

这里仍要作几点说明：

（1）搜索关键词1紧跟在冒号后，它是需要出现在网页网址中的搜索关键词，一般为网址域名类型或者提示网页内容类型的英文或数字字符。

（2）搜索关键词2是一般搜索关键词，可以出现在网页的任何位置，如标题、正文、网址。

（3）搜索关键词1和搜索关键词2之间留有一个空格。

例如，想在一个搜索指令中返回所有位于南京的高校的信息，应该怎样书写搜索表达式呢？

在一般情况下，高校的网址域名都有一个共同的特点，就是都包含"edu.cn"，那么如果指定"edu.cn"必须出现在返回页面的网址中，就可以保证这个页面有极大可能来自高校。这个表达式可以写为：

inurl:edu.cn 南京

从图4-32可以看出，返回页面中均是与南京相关的高校网站信息，搜索结果在相当程度上达到了要求。

图4-32　使用"inurl:"指令指定网页网址中包含指定搜索关键词

任务总结

在本任务中，我们借助几个搜索指令帮助小王完成了几种特殊情况下的搜索任务。搜索指令简单高效，只需要在搜索关键词前面加上指定的英文字符或者标点符号，就能快速地缩小搜索范围，将搜索结果聚焦于满足某一特定条件的条目。需要指出的是，搜索指令虽然好用，但是其对语法格式以及标点符号的使用要求比较严格，稍有不慎就不能被正确识别，同学们应当熟记各个搜索指令的语法格式，多练习，多思考，在不断的搜索实践中熟练掌握各个搜索指令的使用方法。

任务 4.2.4　使用高级搜索页面搜索

🔷 任务描述

掌握了布尔逻辑以及各种搜索指令之后,小王已经可以胜任多数情况下各种复杂的搜索任务。这一次,小王想通过搜索引擎在政府类网站上寻找最近一年的有关庆祝建党 100 周年的有关内容。这是一个涉及多种逻辑关系、可能用到多种搜索指令的综合性搜索任务,尽管小王经过了多次尝试,但是由于搜索条件过于复杂,小王不是写错语法,就是搞混优先级,最后都以失败告终。这种综合性的多条件搜索任务是否有更加清晰明了的完成方法呢?在本任务中,我们尝试使用高级搜索页面帮助小王解决这个难题。

🔷 任务目标

能够使用高级搜索页面完成综合性的多条件搜索任务。

🔷 知识准备

通过使用搜索指令,可以处理一些特殊条件下的搜索请求。搜索指令以及布尔逻辑运算符都可以单独使用,也可以搭配使用,从而处理复杂条件下的搜索请求。但是各种搜索指令和布尔逻辑运算符的搭配与套叠使用涉及的符号、语法、优先级等非常复杂,单独使用时效率很高,多重搭配使用时则非常容易出错,反而会降低搜索效率。在处理较为复杂的综合性的多条件搜索请求时,更好的办法是使用高级搜索页面。高级搜索页面使用表格向导式的搜索方式,可以在不输入布尔逻辑运算符和搜索指令的前提下,对多个搜索关键词进行搭配使用,逻辑清晰明了,不易犯错,可以满足大多数情况下的复杂搜索要求。

🔷 任务实施

1. 调出高级搜索页面

百度的高级搜索页面有两种调出方式:

第一种是在搜索框中输入"高级搜索",则返回的第一个条目就是高级搜索页面,其网址是"https://www.baidu.com/gaoji/advanced.html",如图 4-33 所示。

图 4-33　百度高级搜索页面入口(1)

第二种是在百度首页右上角,选择"设置"→"高级搜索"选项,弹出高级搜索对话框,如图 4-34 所示。

图 4-34　百度高级搜索页面入口（2）

高级搜索页面的两种入口形式不尽相同（一是新开网页，二是弹出对话框），但是它们的功能完全一致，同学们可根据实际情况合理选择如何打开高级搜索页面。

2. 认识高级搜索页面

打开任意一个高级搜索页面，可发现有许多输入框和选择菜单，每个输入框（选择菜单）都对应着某种布尔逻辑运算符或搜索指令，如图 4-35 所示。

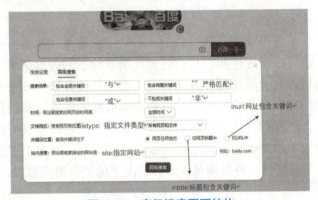

图 4-35　高级搜索页面结构

表 4-3 列出了高级搜索页面的输入框（选项）与搜索指令（逻辑关系）的对应关系。

表 4-3　高级搜索页面的输入框（选项）与搜索指令（逻辑关系）的对应关系

高级搜索输入框（选项）	搜索指令（逻辑关系）
包含全部搜索关键词	与
包含任意搜索关键词	或 "|"
不包含搜索关键词	非 "-"
包含完整搜索关键词	" " 严格匹配
文档格式：	filetype:
关键词位置：仅网页标题	intitle:
关键词位置：仅 URL 中	inurl:
站内搜索：	site:

高级搜索页面中还有一个之前的任务没有涉及选项：限定搜索网页的时间。在对所搜索内容的时效性有特殊要求时，这个选项非常有用，它可以指定搜索多长时间内的网络内容，如图4-36所示。

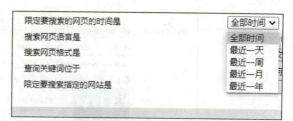

图4-36 高级搜索页面的时间选项

3. 使用高级搜索页面完成多条件复杂搜索任务

在认识了高级搜索页面之后，回到小王遇到的多条件复杂搜索任务：在政府类网站上寻找最近一年的有关庆祝建党100周年的有关内容。分析这个搜索任务，可以提取几个比较重要的搜索关键词：

（1）"最近一年"：这是个时间限定词，可以指定"限定要搜索的网页的时间是"选项为"最近一年"。

（2）"建党"：这是一个一般搜索关键词，可以把它放在"包含全部关键词"输入框中，也可以放在"包含完整关键词"输入框中进行严格匹配，由于"建党"是一个简单的词，基本不会被截断，这里可以放在"包含完成关键词"输入框中。

（3）"100周年"：这是一个比较重要的搜索关键词，有多种写法，如"百年""100周年""一百周年"等都有可能是目标搜索结果，所以这是一个逻辑"或"关系，需要把它放在"包含任意关键词"输入框内。

（4）政府类网站：指定了目标内容的网址类型，需要使用"inurl:"或者"intitle:"指令进行筛选，也就是高级搜索页面的"关键词位置：仅URL中"或"站内搜索："选项。因为一旦指定搜索关键词位置在URL中，则上面指定的所有中文搜索关键词都必须出现在网址中，这是不符合要求的，所以这里选择"站内搜索："选项，并为它指定一个政府类网站的通用域名"gov.cn"，这同样可以保证搜索结果中只包含政府类网站，但是并不要求其他搜索关键词的位置，符合搜索要求。

（5）为了提升搜索结果的内容相关度，不妨将搜索关键词位置设定为只出现在标题中，这会大大提高对搜索内容的筛选效率。

把上面分析中提到的搜索关键词或选项分别填入对应输入（选项）框中（图4-37），单击"高级搜索"按钮就完成了整个高级搜索过程，高级搜索结果页面如图4-38所示。

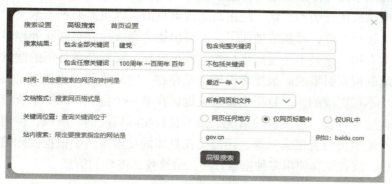

图4-37 在高级搜索页面填入相应内容

图 4-38 高级搜索结果页面

任务总结

本任务中的搜索任务涉及多达 6 种搜索指令或逻辑关系，如果手动输入搜索表达式，极容易产生各种语法或优先级的错误。使用高级搜索页面，则只需要把搜索关键词或选项分别输入对应输入（选项）框，过程清晰明了，不易出错。高级搜索页面在处理多条件的综合性搜索请求时非常有用，这是不是说高级搜索页面可胜任一切复杂条件下的搜索任务了呢？实际上，目前主流的搜索引擎的高级搜索设计也是存在一定缺陷的，比如限定关键词位置这个选项是单一的、不可更改的，一旦指定搜索关键词在某一个位置，则要求所有关系下的搜索关键词都必须在这个位置，这在多数情况下是不符合实际情况的。所以，使用高级搜索页面并不能一劳永逸地解决所有搜索问题，还需要在具体的搜索实践中根据实际情况合理选择最合适的搜索途径，或者综合使用多种搜索方法，最终找到需要的信息。

项目评价

项目 4.2 评价（标准）表见表 4-4。

项目 4.2　高效搜索有方法

表 4-4　项目 4.2 评价（标准）表

项目	学习内容	评价（是否掌握）	评价依据
任务 4.2.1　合理确定搜索关键词	根据搜索任务动态调整搜索关键词		课上提问反馈、练习观察、案例操作
任务 4.2.2　使用布尔逻辑搜索	逻辑"与"		课上提问反馈、练习观察
	逻辑"或"		课上提问反馈、练习观察
	逻辑"非"		课上提问反馈、练习观察
任务 4.2.3　使用搜索指令搜索	""：精确匹配搜索关键词		课上提问反馈、练习观察
	site：指定网站内搜索		课上提问反馈、练习观察
	filetype：指定文件类型		课上提问反馈、练习观察
	intitle：指定网页标题		课上提问反馈、练习观察
	inurl：指定网页地址		课上提问反馈、练习观察
任务 4.2.4　使用高级搜索页面搜索	认识高级搜索页面		课上提问反馈
	使用高级搜索页面完成多条件复杂搜索任务		课上练习观察、案例操作
技术应用	根据实际任务合理制定搜索策略，有条理，能返回目标条目		课上练习观察、案例操作
效果转化	能将所学应用到课外任务中，并拓展掌握更多操作		课外作业

项目小结

　　在本项目中，我们和小王一起，在解决各种搜索问题的过程中不断提高对搜索引擎的认识和实际搜索操作能力，掌握了如何合理确定搜索关键词，以及布尔逻辑、搜索指令、高级搜索页面等几种更加高效的搜索技巧。几种搜索技巧的适用情境不同，一般情况下，布尔逻辑适用于搜索关键词之间存在较为复杂的逻辑关系的情况，各种搜索指令则能把搜索结果圈定到一个符合某一特殊条件的较小范围内，高级搜索页面更适合多条件的综合性搜索的情况。需要指出的是，没有最优秀的搜索方法，只有最合适的搜索方法，需要根据实际情况合理分析搜索需求，选择一种或者搭配使用多种搜索技巧。搜索也是一个动态调整的过程，要学会分析搜索结果，通过反馈结果动态调整搜索策略，在不断的尝试中找到搜索最优解。相信同学们能在今后的搜索实践中不断总结提高，掌握更多的搜索技巧和方法，变成"搜索达人"。

练习与思考

1. 小王想搜集一些有关牺牲或奉献精神的名人名言，应该如何拟定搜索关键词？

2. 小王想使用几幅展板展示党的最近两次全国代表大会（党的十八大、十九大）的相关内容，搜索返回的结果有许多大会报告全文的页面，小王如何在一个搜索页面中完成包含十八大或十九大相关内容，但排除包含报告全文的内容搜索？

3. 如果小王想在政府部门的网站中搜寻有关十九大的内容，应该如何书写搜索表达式？

4. 小王想找一些有关"改革开放"主题的 PPT 文件作为展板设计参考，应该怎样书写搜索表达式？

5. 小王想搜寻网页标题中含有"雨花台烈士"的相关网页，应该怎样书写搜索表达式？

项目 4.3 权威数据来说话

情景再现

通过使用百度等通用搜索引擎,小王在互联网上搜索到了许多有用的信息。在对这些信息进行整理筛选时,小王发现直接从通用搜索引擎搜索到的信息,虽然来源广泛多样,但是内容质量却良莠不齐。在一般的场景下,通用搜索引擎尚能胜任信息搜索要求,但是在一些比较正式的场景下,必须对搜索内容的质量提出更高的要求。比如,小王想在一期展板中用图表的形式直观地向大家展示近几年来中国国内生产总值的飞速发展,那么如何保证搜索到的数据信息真实准确呢?又如小王为了提高自己的信息搜索水平,想阅读一些有关信息搜索的比较专业的文献资料,应该如何获得呢?在本项目中,我们和小王一起,尝试使用一些专门的数据库或者检索工具,获得更加专业、权威的信息内容。

项目描述

本项目探讨在使用通用搜索引擎的基础上,如何使用一些专门的数据库或者检索工具获得更加专业和权威的信息,包括学术文献检索、统计年鉴检索、数据与事实检索等。

项目目标

(1)能够使用 CNKI 等专业数据库进行学术文献检索。
(2)能够使用统计年鉴进行经济与社会数据信息检索。
(3)能够使用百科类网站进行数据与事实检索。

知识地图

项目 4.3 知识地图如图 4-39 所示。

图 4-39 项目 4.3 知识地图

任务 4.3.1 学术文献检索

任务描述

为了提高搜集资料的能力，小王想系统学习信息搜索的相关知识。直接通过网络搜索引擎搜索到的内容非常零散，有时还会有一些谬误，为了保证信息资料的专业性，小王想阅读更多的学术文献资料。本任务介绍学术文献包含哪些类型，以及如何获得这些学术文献。

任务目标

能够使用 CNKI 等专业数据库进行学术文献检索。

知识准备

文献信息资源是人类智慧的结晶和知识的宝库。人们的思想和见识并不是凭空产生的，想要在某一领域有所建树，离不开对前辈和同行经验的借鉴和参考，借助专业的学术文献资源，每个人都可以成为"站立在巨人肩膀"上的那个人。学术文献的类型多样，按照出版形式，至少可以分为论文（期刊论文／学术论文／会议论文）、图书、专利、标准、成果、报告、公文等类型。本任务主要介绍日常学习生活中最常见的论文、专利、标准 3 种类型文献的检索方法。

目前，使用最广泛的中文学术论文检索平台是 CNKI（China National Knowledge Infrastructure，全称中国知网中文期刊全文数据库，网址为"https://www.cnki.net/"），它由清华大学和清华同方股份有限公司在 1999 年发起，是以知识资源传播共享与增值利用为目标的国家知识基础设施项目。除 CNKI 外，主要的中文学术论文检索平台还有：

维普：http://www.cqvip.com/；

万方：http://www.wanfangdata.com.cn/；

国家哲学社会科学文献中心：http://www.ncpssd.org/（只包含社会科学类文献）。

需要指出的是，以上 4 个文献检索平台，除国家哲学社会科学文献中心以外，其他 3 个平台只能浏览内容梗概，购买服务后方可进行全文下载。不过，目前国内几乎所有高校和一部分中小学校都购买了几家或者其中一家平台的镜像下载服务，这些学校的师生可以在校内方便地进行论文检索和下载。

CNKI 是一个综合性的知识数据库，除论文检索以外，还提供对报纸、图书、年鉴、专利、标准、法律法规、政府公文等类型文献的检索服务。但是，这些检索服务都是需要付费的，可以通过对口管理的政府网站免费获得专利、标准、商标等类型文献的相关信息。

专利类型文献可以通过国家知识产权局下属的专利检索及分析平台网站检索获取，其网址为"http://pss-system.cnipa.gov.cn/"，标准类型文献可以通过国家标准化管理委员会下属的全国标准信息公共服务平台检索获取，其网址为"http://std.samr.gov.cn/"。

任务实施

（1）使用 CNKI 检索近 5 年来《图书情报工作》或《中国图书馆学报》上发表的、作者单位为北京大学或南京大学,并且篇名包含"信息检索"的学术论文。

打开 CNKI 网站首页(https://www.cnki.net/),如图 4-40 所示。不同于一般检索项目,学术论文的检索支持多个检索字段,例如可以按主题、关键字、作者、来源等检索。可以指定一个字段进行简单检索,也可以使用逻辑关系搭配使用多个字段进行高级检索。表 4-5 列出了常见论文检索字段。

图 4-40　CNKI 网站首页

表 4-5　常见论文检索字段表

检索字段	代码	含义
主题	SU	返回论文篇名、关键词和摘要中包含指定词汇的项目
篇名	TI	返回论文篇名中包含指定检索词的项目
关键词	KY	返回论文关键词中包含指定检索词的项目
摘要	AB	返回论文摘要中包含指定检索词的项目
作者	AU	返回论文作者中包含指定检索词的项目
第一作者	FI	返回论文第一作者为指定检索词的项目
作者单位	AF	返回论文作者单位中包含指定检索词的项目
参考文献	RF	返回论文参考文献中包含指定检索词的项目
文献来源	LY	返回论文来源(期刊名)中包含指定检索词的项目

分析检索要求,发现这是一个比较复杂的多条件检索,包含的检索字段为:
篇名:信息检索;
作者单位:北京大学 或 南京大学;
文献来源:《图书情报工作》或《中国图书馆学报》;
时间:近 5 年(2016 年 1 月—2021 年 1 月)。

在这种情况下，简单一个字段和关键词已经不能满足要求，需要使用"高级检索"选项，其入口就在首页搜索框的右侧。CNKI 的高级搜索页面如图 4-41 所示。

图 4-41　CNKI 的高级搜索页面

需要说明的是，对于 CNKI 的高级搜索，如果每个检索字段只有一个关键词，可以直接在搜索框输入指定检索词，但是如果同一个字段中同时有两个或两个以上关键词，则需要搭配逻辑运算符使用。例如搜索任务中要求作者来自北京大学或者南京大学，来源期刊是《图书情报工作》或《中国图书馆学报》，这两个字段都包含两个关键词，并且都是逻辑"或"关系。

关于布尔逻辑搜索，在项目 2 中已经讨论过，这里不再赘述。需要指出的是，CNKI 中逻辑运算符的写法与前面通用搜索引擎中逻辑运算符的写法有所不同，要注意识别。

在 CNKI 中：

逻辑"与"用"*"表示，例如"信息检索 * 高校"表示搜索项既要包含"信息检索"，也要包含"高校"；

逻辑"或"用"+"表示，例如"北京大学 + 南京大学"表示搜索项包含"北京大学"或者"南京大学"；

逻辑"非"用"—"表示，例如"信息检索 — 高校"表示搜索项包含"信息检索"，但是排除"高校"。

需要说明的是，每个逻辑运算符都要与两边的文字隔开一个字符，否则会被认为关键词本身包含"*""+""-"这些字符，这一点务必注意。

对于本任务的检索任务中，通过上面的分析，检索式可以写成：

篇名 = 信息检索

并且 作者单位 = 北京大学 + 南京大学

并且 文献来源 = 图书情报工作 + 中国图书馆学报

并且 时间 =2016 年 1 月 1 日—2021 年 3 月 15 日

在高级搜索页面依次选择对应的检索字段（可以通过搜索框后面的"+""-"增减检索字段），并且将拟定好的关键词分别输入各搜索框（图 4-42），单击"检索"按钮就会返回指定的检索结果，如图 4-43 所示。

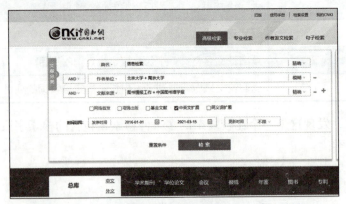

图 4-42　在高级搜索页面选择检索字段并填入关键词

项目 4.3　权威数据来说话

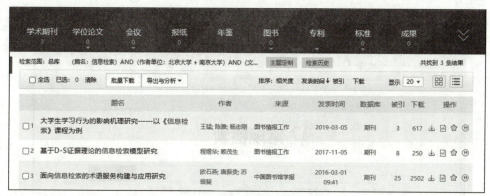

图 4-43　高级搜索结果页面

（2）使用专利检索及分析平台检索有关展板固定的专利。

小王在制作展板的过程中逐渐掌握了一种比较方便的新型的展板固定方法，同学和老师们都鼓励小王为这种新的固定方法申请一个专利，小王也有这个意愿。但是小王和同学们认为的"新型"方法会不会已经有人率先掌握并且申请了专利？小王决定到专利检索的权威平台网站上查询一下。

CNKI 也可以检索专利文献，但是由于它提供的是收费服务，并且在专利收集方面存在一定的滞后性，这里借助使用更广泛而且免费的国家知识产权保护局下属的专利检索及分析平台完成专利检索。

在浏览器中输入"http://pss-system.cnipa.gov.cn/"，打开专利检索及分析平台，其首页如图 4-44 所示。

图 4-44　专利检索及分析平台首页

专利检索可以指定申请号、公开号、申请人、发明人、发明名称等字段，也可以使用自动识别直接进行检索（图 4-45）。进行自动识别检索时，会返回较多候选结果，可避免信息遗漏，但是精确性较差。可以根据实际情况选择合适的检索字段或者选择自动识别检索。

155

图 4-45　专利检索的检索字段选择

除了常规检索手段，专利检索还支持高级检索、导航检索、命令行检索等多种检索方式，图 4-46 所示为专利的高级检索页面。和学术论文检索一样，可以通过高级检索页面完成含有多重逻辑关系和检索字段的复杂的多条件检索。

图 4-46　专利的高级检索页面

回到本任务，小王想知道有哪些展板固定方面的专利文献，可直接在常规检索框里输入关键字"展板 固定"（中间加空格表示逻辑"与"关系）进行自动识别检索，返回的结果如图 4-47 所示。使用自动识别检索返回了较多数据（共 6709 条），但是其精确性较差，前几个候选项里都不是小王的目标搜索项。这时，为了提高搜索精度，小王指定了"发明名称"字段来缩小检索范围，返回的结果如图 4-48 所示，所有的候选结果都与展板固定这一主题直接相关。那么怎样获取这些专利文献的详细信息呢？单击其中一篇专利文献下方的"详览"按钮，则可以展开该专利文献的全部详细信息，可以选择在线预览全文或者全文下载服务，如图 4-49 所示。

项目 4.3　权威数据来说话

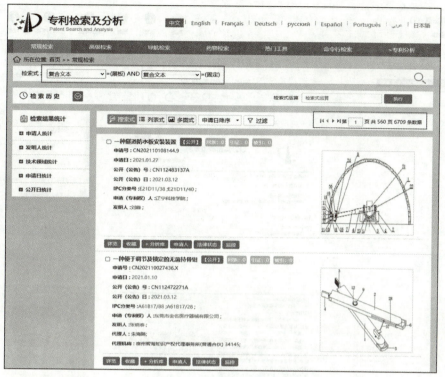

图 4-47　使用自动识别检索返回的结果

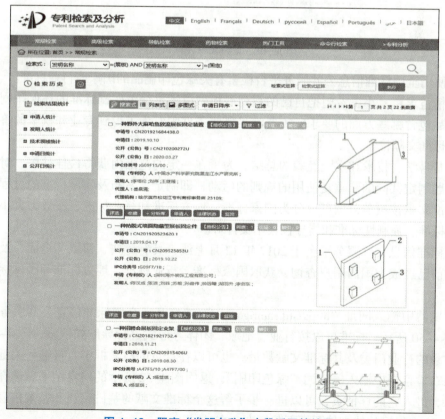

图 4-48　限定"发明名称"字段返回的结果

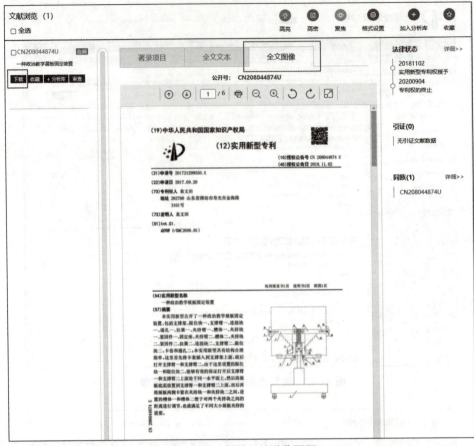

图 4-49 专利文献详览页面

（3）使用全国标准信息公共服务平台检索有关绿色印刷品的国家或行业标准。

为了精益求精，小王希望把自己的系列展板做成满足绿色印刷标准的环保印刷品，那么绿色印刷品包含哪些方面的要求？需要满足哪些条件呢？为了得到专业和权威的答案，小王需要进行标准文献检索。

标准是科学、技术和实践经验的总结。为了在一定的范围内获得最佳秩序，对实际的或潜在的问题制定共同的和重复使用的规则的活动，即制定、发布及实施标准的过程，称为标准化。标准文献按覆盖范围可以分为国家标准、地方标准和行业标准，按效力大小还可以分为推荐性标准、强制性标准和指导性技术文件等。

全国标准信息公共服务平台于 2017 年 12 月上线，具有免费、权威、全面、及时等独特优势，目前已经成为国内用户查询、获取国家标准、行业标准、地方标准和国际标准的首选平台。

在浏览器中输入网址"http://std.samr.gov.cn/"就打开了全国标准信息公共服务平台，其首页如图 4-50 所示。标准可以按行业、地域、团体等形式进行导航式检索，图 4-51 所示为该平台收录的行业门类及其标准文献数量。也可以在首页的检索框中直接输入关键词进行检索。小王在检索框中输入关键词"绿色印刷"，返回图 4-52 所示的检索结果。选择其中一个检索结果，进入它的详情页，可以进一步了解这个标准文献的基础资料和备案信息，还可以单击图 4-53 中红框处的文件图标下载标准全文。

项目 4.3 权威数据来说话

图 4-50 全国标准信息公共服务平台首页

图 4-51 全国标准信息公共服务平台已备案行业门类及其标准数量

图 4-52 输入关键词"绿色印刷"返回的检索结果

图 4-53　标准文献详情页

任务总结

学术论文、专利、标准都属于学术文献的范畴，相对来说，学术文献较普通网页内容在质量上更具专业性和权威性，对学术文献的检索也依赖于专业化的数据库平台，在一些正式的使用场景下，要学会如何找到权威的学术文献来保证引用内容的专业性和质量。不管是学术论文检索，还是专利、标准的检索，文献的类型不同，检索的平台也不同，具体的检索式语法可能也有些许不同，但它们背后的检索逻辑原理是相同的，同学们要学会举一反三，触类旁通，熟练掌握各类学术文献的检索方法。

任务 4.3.2　数据与事实检索

任务描述

小王想用几期展板展示近年来我国在社会经济民生方面取得的巨大进步，需要集中收集大量有关国计民生的数据信息。虽然通过百度等通用搜索引擎也能搜索到相关的数据，但是一来搜集到的数据零乱而不好整理，二来这些数据多数没有注明资料来源，并且彼此有出入，因此不能作为采信的数据源。要获得翔实、权威的统计数据信息，需要参考国家统计局每年发布的《中国统计年鉴》，以及各级地方政府统计部门发布的地方统计年鉴。此外，对于一些事实性和概念性的信息，需要借助工具书才能获得比较权威的解释。

任务目标

能够使用合适的工具平台进行数据与事实检索。

项目 4.3　权威数据来说话

知识准备

在日常学习生活中，有时需要查阅某种类型的数据信息，比如各种经济数据、人口数据、数学与物理常量等；有时则需要对特定的事物和事件进行深入的了解，比如人物的生平资料、某一城市的详细信息或者历史事件的演进过程等。上述内容都属于数据与事实检索的范畴。以前，数据与事实信息检索需要使用各种类型的参考工具书，比如百科全书、词典、机构名录、地图集、年鉴等。现在，随着计算机和网络技术的发展，这些工具书也都被"搬"进了互联网，人们可以借助各种在线的工具书平台检索各类数据与事实信息。

在各种关于数据的工具书中，统计年鉴或许是汇集各种类型数据，尤其是社会经济领域方面相关数据的集大成者，是人们集中进行社会领域相关数据的查询检索的最佳平台。在国家层面，国家统计局每年都会发布前一年的《中国统计年鉴》，系统收录全国和各省、自治区、直辖市在该年经济、社会各方面的统计数据，是一部全面反映国家经济和社会发展情况的资料性年刊。在地方层面，各级地方政府也会编纂各自区域的统计年鉴。

对于事实检索，过去人们查阅各种百科全书，现在则可以使用各种百科网站方便地获取想要的信息。在世界范围内，维基百科（wikipedia.org）是使用最广泛的百科网站，而在我国，百度百科（baike.baidu.com）则是更流行的中文百科网站。除百度百科外，还有360百科（baike.so.com）、搜狗百科（baike.sougou.com）以及快懂百科等提供百科搜索服务。

和维基百科一样，百度百科也是开放、共享的网络百科全书，这意味着人人都可以参与百科词条的编辑与修改。内容开放是一把双刃剑，它在快速提升词条数量的同时，也降低了词条的整体质量，在许多词条中，存在着内容重复、事实错误、夹杂广告信息等各种各样的内容瑕疵。近年来，百度加强了与各领域专家学者的合作，邀请他们参与一些条目的编辑、修改，同时修补了一些内容保护机制，尽力避免相关词条的恶意篡改，整体的内容质量是有所提高的。

以百度百科为代表的网络百科全书，其词条可以实时更新，内容能够动态修改，还有一类百科全书网站是已出版的纸质百科全书的电子版，其词条是不能更新和修改的。这一类百科全书和百度百科表现出不同的特点，逊在词条固化，时效滞后，但胜在词条都由相关领域的专家学者亲自编纂，在专业性和权威性方面更胜一筹。这类百科全书网站以中国大百科全书数据库为代表，网址是"http://h.bkzx.cn/"。纸质版的《中国大百科全书（第2版）》出版于2009年，收录了供137 979个条目（作为对比，百度百科目前有22 306 723个词条），其数据内容也统计到2009年。图4-54所示为中国大百科全书数据库首页。

图 4-54　中国大百科全书数据库首页

任务实施

（1）检索近3年（2017—2019年）来我国国内生产总值，江苏省、南京市的地区生产总值确切数值，完成表4-6（单位：亿元）。

表 4-6 数据检索任务空表

数据/亿元　　年份　类别	2017 年	2018 年	2019 年
南京市			
江苏省			
全国			

类似国内生产总值这类社会经济或民生数据，最权威的来源就是每年各级统计局发布的统计年鉴。由于这个检索任务涉及全国、江苏省、南京市三级的数据，需要查阅 3 个不同等级的统计年鉴才能完成。

首先来检索全国的数据，需要查阅国家统计局发布的《中国统计年鉴》。统计年鉴都是当年统计前一年的数据，现希望检索 2017 年、2018 年、2019 年的数据，则需要检索 2018 年、2019 年、2020 年的《国家统计年鉴》。历年《中国统计年鉴》的网址是"http://www.stats.gov.cn/tjsj/ndsj/"，如图 4-55 所示。

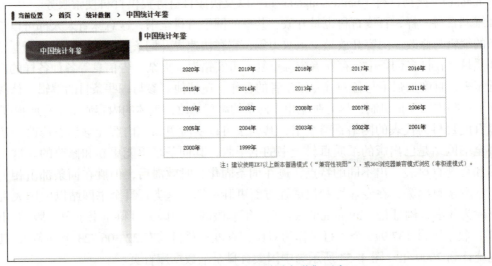

图 4-55　历年《中国统计年鉴》列表

打开 2020 年的《中国统计年鉴》，可以看到左边一列是各项统计指标，包含 29 个大条目，几百个小条目，右边则是数据展示区（图 4-56）。需要检索的国内生产总值毫无疑问应该属于"国民经济核算"这一大指标项，具体是"3-1 国内生产总值"这一小指标项。从展开的数据区域，可以轻松地得到 2017—2019 年中国的国内生产总值的数值分别为 832 035.9 亿元、919 281.1 亿元、990 865.1 亿元，这样就得到了表 4-6 最后一行的数据。

图 4-56　《中国统计年鉴》详情页

得到全国的数据后，继续检索江苏省的地区生产总值数据。按照经验，应该尝试在江苏省统计局网站上检索《江苏统计年鉴》的数据。在搜索引擎搜索框中输入"江苏省统计局"，直接跳转到官方网站，在其首页的"数据"栏能看到"电子统计年鉴"字样，单击进入以后得到了历年的《江苏统计年鉴》列表。

进入《江苏统计年鉴2020》，不难发现其有和《中国统计年鉴》类似的统计指标选项，地区生产总值应该属于"国民经济核算"，其中项目2-3"主要年份地区生产总值"就是需要查询的数据，如图4-57所示。

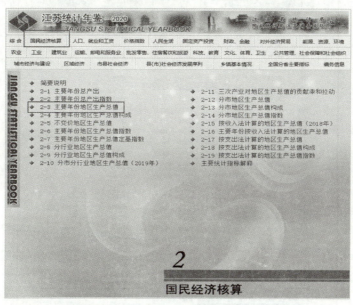

图4-57 《江苏统计年鉴》国民经济核算各项目

通过图4-58，得到江苏省2017—2019年的地区生产总值数据分别为85 869.76亿元、92 307.55亿元、99 631.52亿元。

图4-58 主要年份地区生产总值详情页

依照刚才检索江苏省数据的方法，不难从南京市统计局发布的《南京市统计年鉴》中找到南京市近年来地区生产总值的数据，如图 4–59 所示，分别为 11 886.57 亿元、13 009.17 亿元、14 030.15 亿元。

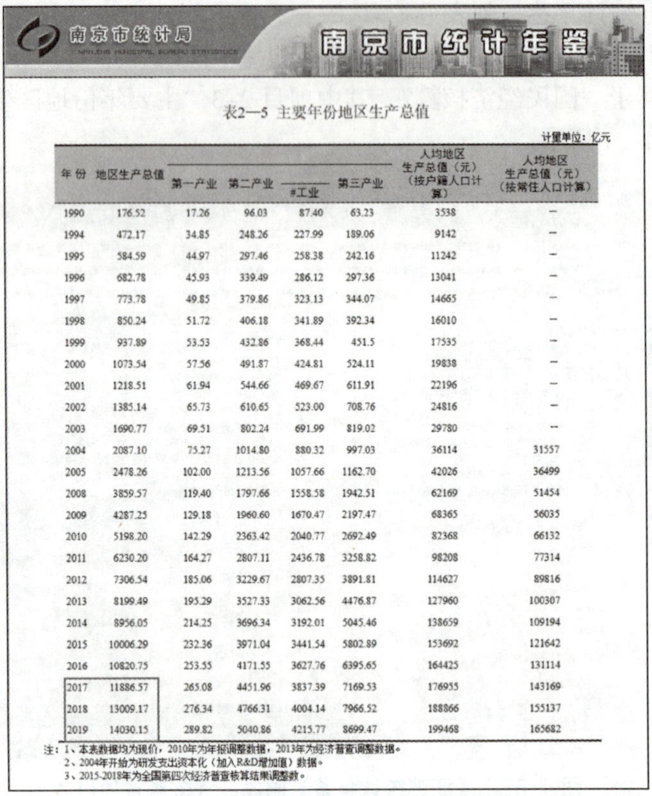

南京市统计局

NANJING MUNICIPAL BUREAU STATISTICS

南京市统计年鉴

表2—5 主要年份地区生产总值

计量单位：亿元

年份	地区生产总值	第一产业	第二产业	#工业	第三产业	人均地区生产总值（元）（按户籍人口计算）	人均地区生产总值（元）（按常住人口计算）
1990	176.52	17.26	96.03	87.40	63.23	3538	–
1994	472.17	34.85	248.26	227.99	189.06	9142	–
1995	584.59	44.97	297.46	258.38	242.16	11242	–
1996	682.78	45.93	339.49	286.12	297.36	13041	–
1997	773.78	49.85	379.86	323.13	344.07	14665	–
1998	850.24	51.72	406.18	341.89	392.34	16010	–
1999	937.89	53.53	432.86	368.44	451.5	17535	–
2000	1073.54	57.56	491.87	424.81	524.11	19838	–
2001	1218.51	61.94	544.66	469.67	611.91	22196	–
2002	1385.14	65.73	610.65	523.00	708.76	24816	–
2003	1690.77	69.51	802.24	691.99	819.02	29780	–
2004	2087.10	75.27	1014.80	880.32	997.03	36114	31557
2005	2478.26	102.00	1213.56	1057.66	1162.70	42026	36499
2008	3859.57	119.40	1797.66	1558.58	1942.51	62169	51454
2009	4287.25	129.18	1960.60	1670.47	2197.47	68365	56035
2010	5198.20	142.29	2363.42	2040.77	2692.49	82368	66132
2011	6230.20	164.27	2807.11	2436.78	3258.82	98208	77314
2012	7306.54	185.06	3229.67	2807.35	3891.81	114627	89816
2013	8199.49	195.29	3527.33	3062.56	4476.87	127960	100307
2014	8956.05	214.25	3696.34	3192.01	5045.46	138659	109194
2015	10006.29	232.36	3971.04	3441.54	5802.89	153692	121642
2016	10820.75	253.55	4171.55	3627.76	6395.65	164425	131114
2017	11886.57	265.08	4451.96	3837.39	7169.53	176955	143169
2018	13009.17	276.34	4766.31	4004.14	7966.52	188866	155137
2019	14030.15	289.82	5040.86	4215.77	8699.47	199468	165682

注：1、本表数据均为现价，2010年为年报调整数据，2013年为经济普查调整数据。
2、2004年开始为研发支出资本化（加入R&D增加值）数据。
3、2015-2018年为全国第四次经济普查核算结果调整数。

图 4–59　南京市历年地区生产总值数据

至此，检索到全国、江苏省、南京市的全部数据，将数据分别填入表 4–6 对应单元格，得到表 4–7。

表 4–7　我国国内生产总值，江苏省、南京市地区生产总值对比

类别 \ 数据 / 亿元 \ 年份	2017 年	2018 年	2019 年
南京市	11 886.57	13 009.17	14 030.15
江苏省	85 869.76	93 207.55	99 631.52
全国	832 035.9	919 281.1	990 865.1

（2）使用百度百科和中国大百科全书数据库分别检索“南京市”和“西安事变”词条。

这个任务比较简单，只需要在两个网站输入指定的词条就会返回结果。通过这个任务，可以对比两个网站相同词条的内容差异，包括不同的数据时效和词条表述风格。

分别在百度百科（http://baike.baidu.com）和中国大百科全书数据库（http://h.bkzx.cn）搜索框中输入指定词条，得到图 4–60 和图 4–61 所示结果。

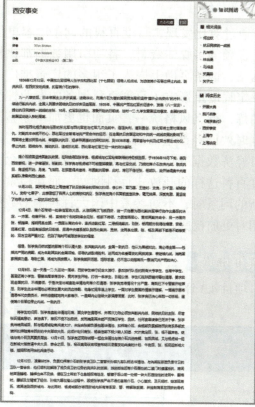

图 4-60　两个网站中的"西安事变"词条

图 4-61　两个网站中的"南京"词条

任务总结

通过对比发现,百度百科的词条内容更加丰富多样,不仅有文本内容,还附有大量图片、视频等多媒体资料,各项引用数据都比较新,章节结构安排合理。但是百度毕竟是商业网站,词条页面上嵌入了很多的广告推广链接,此外部分内容表述烦琐或者有重复,这在一定程度上影响了百度百科词条的专业性。相比之下,中国大百科全书数据库的表述更加精炼,行文风格统一,页面也更加干净整洁,但是《中国大百科全书》成书于2009年,数据时效已经严重滞后,所以在检索涉及一些内容时常更新的词条(如城市行政区变化、人口经济数据变化)和近几年出现的新概念(如大数据、云计算)时,应该更多选择类似百度百科这样的开放式百科网站,而在检索一些诸如历史事件、历史人物等很少涉及内容更新的词条时,不妨参考中国大百科全书数据库的相关词条表述,它的表述精练,资料引用相对更加权威。

项目评价

项目4.3评价(标准)表见表4-8。

表4-8 项目4.3评价(标准)表

项目	学习内容	评价 (是否掌握)	评价依据
任务4.3.1 学术文献检索	学术论文检索		课上提问反馈、练习观察
	专利检索		课上提问反馈、练习观察
	标准检索		课上提问反馈、练习观察
任务4.3.2 数据与事实检索	统计数据检索		课上提问反馈、练习观察
	事实(百科)检索		课上提问反馈、练习观察
技术应用	根据实际任务合理制定检索策略,有条理,能返回目标条目		课上练习观察、案例操作
效果转化	能将所学应用到课外任务中,并拓展掌握更多操作		课外作业

项目小结

本项目介绍了学术文献检索、数据与事实检索,涉及学术论文检索、专利检索、标准检索、统计数据检索、事实(百科)检索等内容。与使用通用搜索引擎检索一般网页内容的"一站式服务"不同,这些专业性的信息数据存在于不同的平台,需要掌握进入这些平台的方式(通用搜索引擎跳转或者记录平台地址),然后在不同的平台灵活运用相应的检索方式找到需要的内容。表4-9总结了各种类型文献的检索平台信息,同时还附加了一些查询外文或国际数据的专门平台信息。

表 4-9　各种类型文献的检索平台信息

文献类型	国内主流平台	外文或国际数据平台
学术论文	CNKI：https://www.cnki.net/ 万方：http://www.wanfangdata.com.cn/ 维普：http://www.cqvip.com/ 国家哲学社会科学文献中心：http://www.ncpssd.org/（免费）	Web of sciense：http://webofknowledge.com Elsevier Science Direct：http://www.sciencedirect.com/ Wiley Online Library：http://www.wileyonlinelibrary.com
专利	中国专利检索及分析平台：http://pss-system.cnipa.gov.cn/ CNKI 专利库：https://kns.cnki.net/kns8?dbcode=SCOD	欧洲专利检索数据库：https://worldwide.espacenet.com/ 美国专利检索数据库：http://www.uspto.gov
标准	全国标准信息公共服务平台：http://std.samr.gov.cn/ CNKI 标准文献总库：https://kns.cnki.net/kns8?dbcode=CISD	国际标准化组织：https://www.iso.org/ 国际电工委员会标准：https://www.iec.ch/
统计数据	国家统计局中国统计年鉴：http://www.stats.gov.cn/tjsj/ndsj/ 各级地方政府统计年鉴	国家统计局国际统计年鉴：http://www.stats.gov.cn/ztjc/ztsj/gjsj/
百科	百度百科：http://baike.baidu.com 中国大百科全书数据库：http://h.bkzx.cn/	维基百科：http://www.wikipedia.org

练习与思考

1. 使用 CNKI 期刊全文数据库检索 2018 年以来作者单位包含"南京"，主题为"中等职业教育"和"1+X"的全部文献。

2. 使用中国专利检索及分析平台检索 2016 年以来申请（专利权）人名称包含"南京"并且发明名称包含"大数据"的相关专利信息。

3. 使用全国标准信息公共服务平台检索有关数字出版物的相关行业标准。

4. 检索《中国统计年鉴》和相应地方统计年鉴，统计近 5 年来全国、江苏省和南京市的人口变化。

项目 4.4

信息甄别最重要

情景再现

小王想在一期展板中介绍雨花台烈士陵园的相关内容，有一个关键数据是雨花台烈士纪念馆收录的革命先烈事迹的具体数量。在对这个信息进行检索时，小王获取到不同的版本。考虑到展板陈述的严肃性，小王绝对不能引用错误的信息，他必须对获取到的不同的信息进行严格的甄别，以判定哪个信息更准确。

在很多情况下，借助于越来越强大的搜索工具，信息的获取变得越来越容易。但是，互联网在带来海量有用信息的同时，也夹带着大量过时的、有误导性的，甚至严重错误的信息，特别是最近几年来，"自媒体""标题党"的野蛮生长加重了互联网的信息污染。如果对从互联网上获取的信息不加甄别就直接引用，可能造成非常严重的后果。

因此，信息的甄别非常重要，在对获取的信息进行引用前，必须要多问几个问题：这个信息来自哪里？是准确客观的吗？是最新的吗？能从哪里得到验证？通过信息甄别的过程，才能尽量保证获取信息的准确性。

项目描述

本项目探讨如何对从网络上获取的信息进行甄别，包括检查信息的来源、时效性以及进行多渠道验证。

项目目标

能够根据实际情况，通过检查信息的来源、时效性，进行多渠道验证等手段对网络信息的准确性进行甄别。

知识地图

项目 4.4 知识地图如图 4-62 所示。

图 4-62　项目 4.4 知识地图

任务 4.4.1　多维度甄别信息的准确性

任务描述

关于雨花台烈士纪念馆收录的革命烈士事迹的具体数量，小王在互联网上查到了不同的版本——127 位和 179 位。哪一版本更可信呢？这些信息有的来自百科类网站的介绍，有的来自问答社区的个人回答，有的来自新闻媒体的报道，还有的来自政府网站，当来源不同的信息存在偏差时，应该优先选择哪些来源的信息呢？如果需要查询的信息是不断更新的，比如某一地区的人口数据，还要确认获取的信息是否是最新的。

任务目标

能够根据实际情况，通过检查信息的来源、时效性，进行多渠道验证等手段对网络信息的准确性进行甄别。

知识准备

在多数情况下，通过判断信息的来源，就能过滤掉大多数垃圾信息。一般来说，来自政府机关、科研机构、专业新闻媒体的信息比较权威，可靠性较高，来自开放性的百科类网站的信息次之（项目 3 介绍过百科类网站，其词条多数来自个人编辑，虽然引入了审查机制，但难免存在内容谬误或偏向性）。来自个人网站、自媒体、问答社区的个人回答信息内容良莠不齐，多数缺乏明确的信息来源参考，且具有很大的个人主观性，应谨慎引用来自这些途径的信息内容。

此外，多数成规模的团体和机构都会建立自己的官方网站，在需要检索涉及这些机构的信息数据时，查阅其官方网站往往是最准确和最权威的。在使用百度等搜索引擎搜索机构、团体或企业名称时，多数会有标有"官方"字样的蓝色标识帮助分辨哪一个搜索结果指向其官方网站，如图 4-63 所示。

图 4-63　百度搜索结果中的"官方"标识

除了检查来源之外,评价信息是否准确的另一个重要维度是它的时效性,过时的信息会误导人们的决策,可能产生严重的后果。在引用信息之前,一定要仔细确认这个信息是不是最新的、准确的信息。

通过对信息的来源和时效性的综合判断,就可以甄别出哪些是准确的信息,哪些是错误或者过时的信息。

任务实施

小王在互联网上获取到的关于雨花台烈士纪念馆收录的革命烈士事迹的信息来自下面4个网页:

(1)来自百度百科"雨花台烈士纪念馆"词条的介绍,如图 4-64 所示;
(2)来自百度知道(知识问答社区)对于相关问题的个人回答,如图 4-65 所示;
(3)来自"南京发布"(南京市委宣传部主办新闻媒体)的有关资讯,如图 4-66 所示;
(4)来自雨花台烈士纪念馆的官网的简介,如图 4-67 所示。

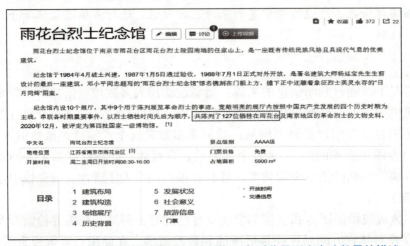

图 4-64　百度百科"雨花台烈士纪念馆"词条对收录烈士事迹数量的描述

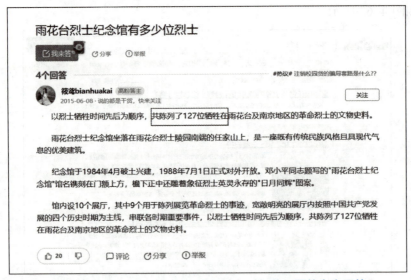

图 4-65　百度知道(知识问答社区)对相关问题的个人回答

项目 4.4　信息甄别最重要

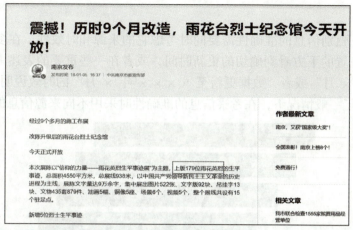

图 4-66　"南京发布"对于雨花台烈士纪念馆的相关介绍

图 4-67　雨花台烈士纪念馆官网中对收录烈士事迹数量的描述

从图 4-64~图 4-67 可以看出，4 个信息来源给出了两个不同的结果，综合分析它们的来源和更新时间（表 4-10），可以明显看出采用"179"这个数据的两条信息来源于机构官网（也是政府部门网站）和专业新闻媒体网站，且更新日期更近，所以应当采信"179"这个数据。

表 4-10　4 个信息源的来源和时效性检查综合评价

信息编号	信息来源	更新时间
1	百度百科	不明确
2	百度知道（知识问答社区）个人回答	2015 年 6 月 8 日
3	"南京发布"（南京市委宣传部主办新闻媒体）	2018 年 1 月 5 日
4	雨花台烈士纪念馆官网	2020 年 9 月 3 日

任务总结

一般情况下，甄别信息的准确性需要同时考虑它的来源和时效性。在多数情况下，可以在网页文章标题位置的下方看到确切的更新时间，或者在一些重要的表述中，会有类似"截止到××××年×月"或者"数据更新至××××年×月"的时效说明。

图 4-68 展示了一般情况下，在考察信息的准确性时采用不同来源信息的优先级。

图 4-68　考察信息的准确性时采用不同来源信息的优先级

项目评价

项目 4.4 评价（标准）表见表 4-11。

表 4-11　项目 4.2 评价（标准）表

项目	学习内容	评价 （是否掌握）	评价依据
任务 4.4.1 多维度甄别信息的准确性	检查信息的来源		课上提问反馈、练习观察
	检查信息的时效性		课上提问反馈、练习观察
	进行多渠道验证		课上提问反馈、练习观察
技术应用	能够综合使用多种途径甄别检索信息的准确性		课上练习观察、案例操作
效果转化	能将所学应用到课外任务中，并拓展掌握更多操作		课外作业

项目小结

如前面所叙述的，互联网是信息的海洋。当使用"信息之网"（搜索引擎等信息检索工具）获取需要的"信息之鱼"时，打捞上来的不仅有新鲜鱼获，还有很多臭鱼烂虾——陈旧的、虚假的和错误的垃圾信息。必须学会分清哪些信息是有价值的，哪些信息是必须舍弃的。信息的甄别没有太多技巧，需要在分析信息的来源和时效性方面作出综合的判断，有时为了保证引用信息的准确性，可能需要通过多个渠道来验证信息是否适用。

练习与思考

尝试搜索截至 2020 年年底，全国、江苏省和南京市的共产党员数量，要保证数据的准确性。

模块 5
新一代信息技术综述

伴随全球新一轮科技革命和产业变革持续深入，国际产业格局加速重塑。毋庸置疑，新一代信息技术是全球研发投入最集中、创新最活跃、应用最广泛、辐射带动作用最大的领域，是全球技术创新竞争高地，是引领新一轮产业变革的主导力量。人工智能、量子信息、移动通信、物联网、区块链等新一代信息技术的发展，正加速推进全球产业分工深化和经济结构调整，重塑全球经济竞争格局。新一代信息技术是以 5G、人工智能、虚拟现实等为代表的新兴技术。它既是信息技术的纵向升级，也是信息技术之间及其与相关产业的横向融合。

项目 5.1

走进新一代信息技术

情景再现

小王早起上班,到公司后通过人脸识别系统打卡,然后打开电脑开始工作,期间需要进行数据分析、信息查询,再把工作结果通过内部软件传递给领导。新一代信息技术能够帮助人们更好地进行信息的传递,无论是面目识别和身份信息确认,还是智能软件分析等,都离不开新一代信息技术。

项目描述

新一代信息技术是什么?它包含哪些技术?它和传统信息技术有什么区别?在本项目中,我们和小王一起了解什么是新一代信息技术。

项目目标

(1)了解新一代信息技术包含哪些代表技术。
(2)理解新一代信息技术的基本概念。
(3)了解新一代信息技术的发展历程。

知识地图

项目 5.1 知识地图如图 5-1 所示。

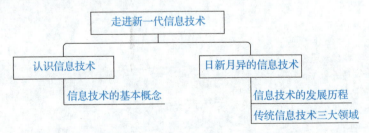

图 5-1 项目 5.1 知识地图

任务 5.1.1 认识信息技术

任务描述

要了解新一代信息技术，首先要知道什么是信息技术，从而了解新一代信息技术"新"在哪里。本任务主要介绍信息技术的基本概念。

任务目标

（1）能理解信息技术的基本概念。
（2）了解新一代信息技术的由来。

知识准备

21世纪被称为信息时代，其最重要的特征是数字化和网络化。社会生产生活各领域通过计算机技术来提高效率、降低成本，在此基础上，通过网络技术实现信息的互通。

在技术不断更新变革、信息不断更新换代的时代，信息技术显得十分重要。IT精英和IT人才是平时经常能碰到的词汇，而IT其实就是信息技术的英文缩写。信息与每个人息息相关。

信息是指事物运动的状态及状态变化的方式（客观事物立场），是认识主体所感知或所表述的事物运动及其变化方式的形式、内容和效用（认识主体立场）。

信息技术是主要用于管理和处理信息所采用的各种技术的总称，主要是应用计算机科学和通信技术来设计、开发、安装和实施信息系统及应用软件。信息技术用来扩展人的信息器官功能、协助人们进行信息处理，包括扩展感觉器官功能的感测与识别技术、神经系统功能的通信技术、大脑功能的计算（处理）与存储技术和效应器官功能的控制与显示技术。因此信息技术也常被称为信息和通信技术（Information and Communications Technology，ICT）。计算机技术和通信技术是信息技术领域最重要的两大分支，二者结合就是网络技术。同时信息技术主要包括传感技术、计算机与智能技术、通信技术和控制技术。

"信息技术教育"中的"信息技术"，可以从广义、中义、狭义3个层面来定义。

广义而言，信息技术是指能充分利用与扩展人类信息器官功能的各种方法、工具与技能的总和。该定义强调从哲学上阐述信息技术与人的本质关系。

中义而言，信息技术是指对信息进行采集、传输、存储、加工、表达的各种技术之和。该定义强调人们对信息技术功能与过程的一般理解。

狭义而言，信息技术是指利用计算机、网络、多媒体设备等各种硬件设备及软件工具与科学方法，对文、图、声、像等各种信息进行获取、加工、存储、传输与使用的技术之和。该定义强调信息技术的现代化与高科技含量。

信息技术的应用包括计算机硬件和软件、网络和通信技术、应用软件开发工具等。计算机和互联网普及以来，人们日益普遍地使用计算机生产、处理、交换和传播各种形式的信息（如书籍、商业文件、报刊、唱片、电影、电视节目、语音、图形、影像等）。

信息技术代表着当今先进生产力的发展方向，信息技术的广泛应用使信息的重要生产要素和战略资源的作用得以发挥，使人们能更高效地进行资源优化配置，从而推动传统产业不断升级，提高社会劳动生产率和社会运行效率。

随着信息化在全球的快速进展，世界对信息的需求快速增长，信息产品和信息服务对各个国家、地区、企业、单位、家庭、个人来说都不可缺少。信息技术已成为支撑当今经济活动和社会生活的基石。在这种情况下，信息产业成为世界各国，特别是发达国家竞相投资、重点发展的战略性产业部门，成为带动经济增长的关键产业。

信息技术已引起传统教育方式发生深刻变化。计算机仿真技术、多媒体技术、虚拟现实技术和远程教育技术以及信息载体的多样性，使学习者可以克服时空障碍，更加主动地安排自己的学习时间和速度。特别是借助互联网的远程教育，将开辟出通达全球的知识传播通道，实现不同地区的学习者、传授者之间的对话和交流，不仅可望大大提高教育的效率，还给学习者提供一个宽松的、内容丰富的学习环境，促使人类知识水平的普遍提高。

信息化是信息的智能化应用。信息化的概念起源于 20 世纪 60 年代的日本，信息化的本质是利用信息技术帮助社会个人和群体有效利用新知识和新思想，从而建成能充分发挥人的潜力，实现其抱负的信息社会。当今世界许多发达国家和经济共同体都提出了信息化国家发展战略。目前，我国处于工业化的中期，信息化处于快速发展阶段。

任务实施

当要了解未知事物的时候，需要通过查询资料获得知识，但是获得所需知识的途径是多样化的，随着信息技术的发展，这种途径从古代的口口相传到后来的查阅书籍，再到如今的网上搜索，越来越便利。

比如想要知道"新一代信息技术"是什么，我们就可以利用网络得到答案。

第一步：使用手机或者电脑连接网络。

第二步：打开浏览器，搜索"新一代信息技术"。

第三步：在众多搜索结果中筛选，找到想要的答案，如图 5-2 所示。

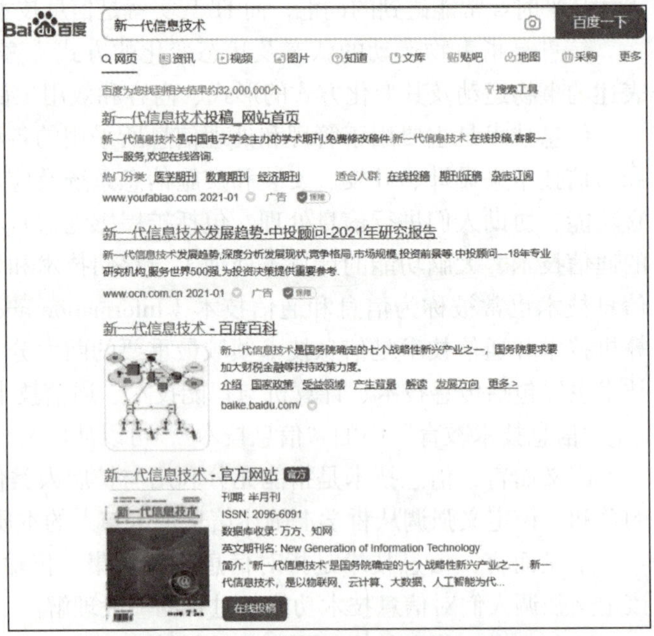

图 5-2 "新一代信息技术"搜索页面

任务总结

中国工程院院士李国杰认为，新一代信息技术，"新"在网络互联的移动化和泛在化、信息处理的集中化和大数据化、信息服务的智能化和个性化。新一代信息技术发展的热点不是信息领域各个分支技术的纵向升级，而是信息技术横向渗透融合到制造、金融等其他行业，信息技术研究的主要方向将从产品技术转向服务技术。信息网络发展的一个趋势是实现物与物、物与人、物与机的交互联系，将互联网拓展到物端，通过泛在网络形成人、机、物三元融合的世界，进入万物互联时代。

任务 5.1.2 日新月异的信息技术

任务描述

信息技术随着时代的发展不断更新,逐渐形成了现在的新一代信息技术。本任务主要介绍信息技术的发展历程。

任务目标

(1)了解信息技术的发展历程。
(2)了解传统信息技术的三大领域。

知识准备

信息技术的发展分为 5 个阶段。

第一阶段是语言的使用,语言成为人类进行思想交流和信息传播不可缺少的工具。第一阶段的时间是距今约 35 000~50 000 年(巴别塔时代),如图 5-3 所示。

第二阶段是文字的出现和使用(图 5-4)。大约公元前 3500 年出现了文字,使人类对信息的保存和传播取得重大突破。这是信息第一次打破时间、空间的限制。

陶器上的符号:原始社会母系氏族繁荣时期(河姆渡和半坡原始居民)。

甲骨文:记载商朝的社会生产状况和阶级关系,文字可考的历史从商朝开始。

图 5-3 巴别塔时代

金文(也叫铜器铭文):商周时期常铸刻在钟或鼎上的文字,又叫"钟鼎文"。

图 5-4 文字的出现

第三阶段是印刷术的发明和使用,它使书籍、报刊成为重要的信息储存和传播的媒体。约在公元 1040 年,我国开始使用活字印刷技术。印刷术的发明,汉朝以前使用竹木简或帛作书籍材料,直到东汉(公元 105 年)蔡伦改进造纸术,这种纸叫"蔡侯纸"。从后唐到后周,封建政府雕版刊印了儒家经书，这是我国官府大规模印书的开始，印刷中心是成都、开封、临安、福建。北宋平民毕昇发明活字印刷，比欧洲早 400 年（图 5-5）。

第四阶段是电报、电话、广播和电视的发明和普及。1837 年，美国人莫尔斯研制了世界上第一台有线电报机。电报机利用电磁感应原理（有电流通过时，电磁体有磁性；无电流通过时，电磁体无磁性），使电磁体上连着的笔发生转动，从而在纸带上画出点、线符号。这些符号的适当组合（称为莫尔斯电码），可以表示全部字母，于是文字就可以经电线传送出去了。1844 年 5 月 24 日，人类历史上的第一份电报从美国国会大厦传

图 5-5　毕昇

送到了 40 英里①外的巴尔的摩城。1864 年，英国著名物理学家麦克斯韦发表了一篇论文（《电与磁》），预言了电磁波的存在。1876 年 3 月 10 日，美国人贝尔用自制的电话同他的助手通了话。1895 年，俄国人波波夫和意大利人马可尼分别成功地进行了无线电通信试验。1894 年，电影问世。1925 年，英国首次播映电视。

第五次阶段始于 20 世纪 60 年代，其标志是电子计算机的普及和计算机与现代通信技术的有机结合。随着电子技术的高速发展，军工、科研领域迫切需要的计算工具也大大得到改进。

传统的信息技术包括三大领域：微电子技术、通信技术、数字技术（计算机技术）。

微电子技术：是信息技术领域的关键技术，是发展电子信息产业和各项技术的基础。微电子技术以集成电路为核心，是在电子电路和系统的超小型化和微型化过程中逐渐形成和发展起来的。

通信技术：通信是指各种信息的传递。现代通信技术是专指以声、光、电等硬件为基础，辅以相应的软件来传递信息，达到信息交流目的的技术。通信系统连接大量用户，由终端设备、传输设备和交换设备等组成，包括有线通信系统和无线通信系统。

数字技术：是一项与电子计算机相伴相生的科学技术，指借助一定的设备将各种信息（包括图、文、声、像等）转化为电子计算机能识别的二进制数字"0"和"1"后进行运算、加工、存储、传送、传播、还原的技术。由于在运算、存储等环节要借助计算机对信息进行编码、压缩、解码等，因此数字技术也称为数码技术、计算机数字技术等。

任务实施

查询相关资料，了解新一代信息技术"新"在哪里。

任务总结

习近平在两院院士大会上的重要讲话指出："世界正在进入以信息产业为主导的经济发展时期。我们要把握数字化、网络化、智能化融合发展的契机，以信息化、智能化为杠杆培育新动能。"这一重要论述是对当今世界信息技术的主导作用、发展态势的准确把握，是对利用信息技术推动国家创新发展的重要部署。信息技术日新月异，我们也要跟上时代的步伐。

---

① 1 英里 =1609.344 米。

项目 5.1 走进新一代信息技术

项目评价

项目 5.1 评价（标准）表见表 5-1。

表 5-1 项目 5.1 评价（标准）表

项目	学习内容	评价 （是否掌握）	评价依据
任务 5.1.1 认识信息技术	信息技术的基本概念		课堂练习观察
任务 5.1.2 日新月异的信息技术	信息技术的发展历程		课堂练习观察

项目小结

通过本项目的学习，为后续新一代信息技术的学习做好铺垫。

练习与思考

1. 人类已经经历了（　　）次信息技术革命。
A. 2　　　　　　　　B. 3　　　　　　　　C. 4　　　　　　　　D. 5
2. 下列应用属于 5G 增强移动宽带场景的是（　　）。
A. 智能手表　　　　B. 虚拟现实 VR　　　C. 车联网　　　　　D. 网页浏览
3. 根据中国移动 5G 的发展规划，5G 将于（　　）年实现商用。
A. 2019　　　　　　B. 2020　　　　　　C. 2021　　　　　　D. 2022
4. 在大数据时代，要让数据自己"发声"，没必要知道为什么，只需要知道（　　）。
A. 原因　　　　　　B. 关联物　　　　　C. 是什么　　　　　D. 预测的关键

项目 5.2 新一代信息技术大有作为

情景再现

小王想开一个店铺,于是他通过大数据、云计算技术定位热门行业,确定店铺内容后,设计了店铺的小程序,借助通信网络和大数据,进行潜在用户的广告推送,并请人设计了店铺的收银系统,加载了防火墙等来保障安全。小王在开店的过程中使用了很多技术——新一代信息技术就在我们身边。

项目描述

新一代信息技术有什么样的特点和典型应用?新一代信息技术能否与其他产业融合?本项目通过介绍新一代信息技术在不同技术领域与制造业等产业相互融合的案例,讲解新一代信息技术对其他产业和人们日常生活的影响。

项目目标

(1) 了解新一代信息技术各主要代表技术的特点。
(2) 了解新一代信息技术各主要代表技术的典型应用。
(3) 了解新一代信息技术与制造业等产业的融合发展方式。

知识地图

项目 5.2 知识地图如图 5-6 所示。

图 5-6 项目 5.2 知识地图

项目 5.2 新一代信息技术大有作为

任务 5.2.1 新一代信息技术核心技术

任务描述

本任务简单介绍新一代信息技术包含哪些新兴的技术以及这些新兴的技术有怎样的特点。

任务目标

（1）了解新一代信息技术包含哪些新兴技术。
（2）了解新一代信息技术的代表技术的特点。

知识准备

从现阶段来看，对未来影响最大的新一代信息技术将包括：人工智能、物联网、大数据、云计算、5G 通信、网络安全。它们之间的生态关系如图 5-7 所示。

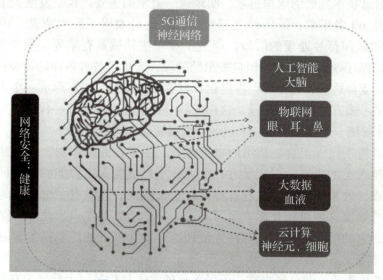

图 5-7 新一代信息技术的生态关系

人工智能是大脑，负责快速学习，快速决策；物联网是眼睛、耳朵、鼻子，负责与外界接触和交互；大数据是血液，可以观测变化情况，数据非常有价值；云计算是神经元和细胞，负责处理和存储；5G 通信是神经网络，负责迅速传递信息，是以上几项技术联动的"基础设施"；网络安全负责"身体的健康"状况。

根据以上的这个模型，新一代信息技术是需要互相配合的，并不是割裂的。5G 通信、云计算、物联网、大数据、网络安全和人工智能的结合将影响人们日常生活的方方面面，从消费娱乐的方式到学习和与他人互动的方式，所有这一切都得到无处不在的超链接的支持，这些变革性技术的融合将推动根本性变革，并智能地将每个人和所有事物联系起来，它们之间相互配合，推动产业发展和社会进步，实现更美好的未来。

在我国，5G 运营牌照已经发放，移动网络正在部署，各行业云人工智能化部署基本完成，网络安全水平不断提升，为智能连接新时代扫清了道路，物联网迅速扩张与人工智能用途扩展是其特点。物联网收集的现实数据将为机器学习带来助力，进一步提升自动化水平，改进精准制造。将 5G 通信、物联网、人工智能结合，可以提升产品服务质量，给生产力带来深度变革，让消费者、企业更好地利用世界资源。

1. 5G 通信

随着网络与信息技术的迅猛发展，人们对无线移动通信网络的数据数量要求越来越高，这促进了新兴智能业务的发展，要求移动通信技术提供速度更快、效率更高、智能化的网络技术。移动通信技术也从 2G、3G、4G，发展到 5G（第五代移动通信技术）。5G 通信不仅是人的通信，而且转向人与物的通信，甚至机器与机器之间的通信。5G 通信是目前移动通信技术发展的最高峰，也是人类改变社会的重要力量。

5G 通信是在 4G 通信的基础上，对移动通信提出更高的要求，它不仅在速度，还在功耗、时延等多个方面有了全新的提升。由此业务也有巨大提升，互联网的发展也从移动互联网时代进入智能互联网时代。

2. 人工智能

智能化是信息技术发展的永恒追求，实现这一追求的主要途径是发展人工智能技术。人工智能技术诞生 60 多年来，虽历经三起两落，但还是取得了巨大成就。1959—1976 年是基于人工表示知识和符号处理的阶段，产生了在一些领域具有重要应用价值的专家系统；1976—2007 年是基于统计学习和知识自表示的阶段，产生了各种各样的神经网络系统；近几年开始的基于环境自适应、自博弈、自进化、自学习的研究，正在形成一个人工智能发展的新阶段——元学习或方法论学习阶段，这构成新一代人工智能。新一代人工智能主要包括大数据智能、群体智能、跨媒体智能、人机混合增强智能和类脑智能等。

深度学习是新一代人工智能技术的卓越代表。由于在人脸识别、机器翻译、棋类竞赛等众多领域超越人类的表现，深度学习在今天几乎已成为人工智能的代名词。然而，深度学习拓扑设计难、效果预期难、机理解释难是重大挑战，还没有一套坚实的数学理论来解决这三大难题。解决这些难题是深度学习未来研究的主要关注点。此外，深度学习是典型的大数据智能，它的可应用性是以存在大量训练样本为基础的。小样本学习将是深度学习的发展趋势。

新一代人工智能的热潮已经来临，可以预见的发展趋势是以大数据为基础、以模型与算法创新为核心、以强大的计算能力为支撑。新一代人工智能技术的突破依赖其他各类信息技术的综合发展，也依赖脑科学与认知科学的实质性进步与发展。

3. 云计算

作为一种低成本的资源交付和使用模式，云计算提供可用的、便捷的、按需的网络访问，包括基础设施即服务（IasS）、平台即服务（PaaS）、软件即服务（SaaS）等类型。通过可配置、低成本的计算资源共享池（包括网络、服务器、存储、应用软件和服务等），实现资源的快速提供。云计算以扩大 IT 公共产品和服务提供能力为主要模式，可大幅提升 IT 系统效率，降低总体拥有成本，提升信息服务质量，创新信息服务模式，实现业务的移动、在线、跨域协同。

4. 大数据

大数据是社会经济、现实世界、管理决策等的片段记录，蕴含着碎片化信息。随着分析技术与计算技术的突破，解读这些碎片化信息成为可能，这使大数据成为一项新的高新技术、一类新的科研范式、一种新的决策方式。大数据深刻改变了人类的思维方式和生产生活方式，给管理创新、产业发展、科学发现等多个领域带来前所未有的机遇。

大数据将计算技术与科学工程领域有机结合，实现各领域海量数据的获取、存储、管理、深度分析和可视化展现。从信息技术（IT）到数据技术（DT），大数据使组织具有更强的洞察发现力、流程优化能力和科学决策力，可充分利用海量、高增长率和多样化的信息资产。从大数据中可以发现新知识、新规律，让企业进行更准确的商业决策；通过大数据可提供更好的服务；关联全量数据分析可提高商业价值。

5. 网络安全

信息技术的广泛应用、网络空间的兴起和发展，极大地促进了经济社会繁荣进步，同时也带来了新的安全风险和挑战。网络安全事关人类共同利益、世界和平与发展和各国国家安全。网络安全技术已经成为万物互联时代的核心技术，只有把握这方面的核心技术才能把握自己的命运，才能提升我国在网络空间的话语权，才能真正建成网络强国。

网络安全是指网络系统的硬件、软件及系统中的数据受到保护，不因偶然的或者恶意的原因而遭受破坏、更改、泄露，系统连续可靠正常地运行，网络服务不中断。

网络安全技术指致力于解决如何有效进行介入控制，以及如何保证数据传输的安全性的技术手段，主要包括物理安全分析技术、网络结构安全分析技术、系统安全分析技术，管理安全分析技术，及其他安全服务和安全机制策略等。

6. 物联网

物联网是互联网的自然延伸和拓展，它通过信息技术将各种物体与网络相连，帮助人们获取所需物体的相关信息。物联网通过使用射频识别、传感器、红外感应器、视频监控、全球定位系统、激光扫描器等信息采集设备，通过无线传感网络、无线通信网络把物体与互联网连接起来，实现物与物、人与物之间实时的信息交换和通信，以达到智能化识别、定位、跟踪、监控和管理的目的。互联网实现了人与人、服务与服务之间的互联，而物联网实现了人、物、服务之间的交叉互联。

物联网的核心技术包括：传感器技术、无线传输技术、海量数据分析处理技术、上层业务解决方案、安全技术等。物联网的发展将经历相对漫长的过程，但可能会在特定领域的应用中率先取得突破，车联网、工业互联网、无人系统、智能家居等都是当前物联网大显身手的领域。

除以上6种核心技术外，近年来量子信息（quantum information）技术也加入了新一代信息技术的大家庭。

7. 量子信息

在量子力学中，量子信息是关于量子系统"状态"所带有的物理信息。在此基础上，出现了通过量子系统的各种相干特性（如量子并行、量子纠缠和量子不可克隆等）进行计算、编码和信息传输的全新信息方式。量子通信是利用量子叠加态和纠缠效应进行信息传递的新型通信方式，基于量子力学中的不确定性、测量坍缩和不可克隆三大原理提供了无法被窃听和计算破解的绝对安全性保证。

任务实施

通过查询相关资料，了解新一代信息技术中的代表技术是如何相辅相成的，并列举相关案例。

任务总结

新一代信息技术正在转向高质量发展阶段，我们需要发挥新一代信息技术的价值。以互联网、大数据、人工智能为代表的新一代信息技术日新月异，给各国社会经济发展、国家管理、社会治理、人民生活带来重大而深远的影响。

任务 5.2.2　身边的新一代信息技术

任务描述

新一代信息技术飞速发现，生活中各种先进技术无处不在，本任务主要介绍我们身边的新一代信息技术应用案例，加深对它的理解。

任务目标

了解新一代信息技术各主要代表技术的典型应用。

知识准备

推动新一代信息技术与实体经济深度融合，使数字化的研发、生产、交换、消费成为主流，形成数字经济发展新动能。

在抗击新冠肺炎疫情的斗争中，新一代信息技术在病毒溯源、患者追踪、疫苗新药研发等防控工作，以及无人生产、远程运维、居家办公等在线工作中都发挥了重要作用。未来，应该更加重视新一代信息技术在稳增长、促转型、育动能中的作用，推动新一代信息技术产业向纵深发展。

借助新一代信息技术，可以稳住制造业基本盘。从实践来看，新一代信息技术在加快复工复产、顺畅产业链运行、稳定制造业供应链等方面大有可为。例如，浙江一家工业互联网公司宣布永久免费开放企业疫情管理 SaaS 云服务系统，为企业提供人员返工管理、人员体温测量、隔离天数管理等的系统化、规范化和信息化服务。又如，安徽推广远程生产管理系统应用，支持远程智能运维和预测性维修服务，解决制造过程中设备维修巡检、技术支持、车间实训等难题。做好生产协同和风险预警，工业互联网、人工智能等新技术有广阔空间，不仅能有力促进上下游、产供销、大中小企业整体配套、协同复工，而且能确保国内产业供应链顺畅运行。

中央政治局常委会会议强调，要加大公共卫生服务、应急物资保障领域投入，加快 5G 网络、数据中心等新型基础设施建设进度。应该看到，与传统意义上的基础设施不同，"新基建"不仅是产业发展的支撑平台和基础设施，而且呈现出与新兴产业融合发展的特征。其中的一些新型基础设施，自身就是一个大产业，既能孵化出更多创新与应用，促进产业数字化、融合化、高端化发展，又有可能被培育成引领未来发展的新增长点。因此，采取更多市场化办法，坚持企业主体、效益优先、集约高效、适度超前、绿色智能、安全可靠，加快"新基建"布局，就能为企业数字化转型提供强大的基础设施支撑。

当前，我国在全球新一代信息技术领域已经占据一席之地，产业规模体量全球领先，利用信息技术改造传统经济、培育壮大数字经济新动能的空间仍然很大。下一步，新一代信息技术产业发展应加快由大到强的转变。一方面，继续突出新技术供给和新产业发展，做强集成电路等信息技术领域的核心产业，强化人工智能、区块链、量子通信、5G通信等技术攻关，促进新兴产业培育。另一方面，要强化新技术、新业态、新模式对生产、流通、分配等经济活动的改造，支持建设若干数字化转型促进中心，推动新一代信息技术与实体经济深度融合，使数字化的研发、生产、交换、消费成为主流，形成数字经济发展新动能。

任务实施

通过查询资料，列举出自己身边的新一代信息技术的典型应用。

任务总结

5G通信、云计算、大数据、人工智能等新一代信息技术和经济社会融合升华，有利于发挥数据作为新生产要素的作用，不断催生新产业、新业态、新模式。释放数据对经济发展的放大、叠加、倍增作用。新一代信息技术正在融入生活，给我们带来更多便利。

任务 5.2.3 新一代信息技术未来的发展趋势

任务描述

新一代信息技术的快速发展引发了新一轮信息产业的变革，国家高度重视新一代信息技术的应用与发展，国家和相关部门也陆续出台了相关法律法规推动新一代信息技术的发展。

任务目标

了解新一代信息技术未来的发展趋势，以及我国对待新一代信息技术的相关政策。

知识准备

目前，我国新一代信息技术产业已经初步形成了产业集聚效应。从整个产业布局来看，主要呈现四大产业集聚区：以北京、天津、山东等省市为代表的环渤海地区，以上海、苏州、杭州等城市为代表的长三角地区，以广东、深圳等省市为代表的珠三角地区以及以重庆、成都、西安为代表的中西部地区。从产业规模来看，珠三角与环渤海地区的基础较好，规模较大，但从发展空间来看，中西部地区则具有更大承接东部地区产业转移的成长空间。

未来，新一代信息技术将呈现以下发展趋势：

（1）网络互联的移动化和泛在化。近几年互联网的一个重要变化是手机上网用户超过桌面计算机上网用户，以微信为代表的社交网络服务已成为我国互联网的第一大应用。移动互联网的普及得益于无线通信技术的飞速发展，5G 无线通信的带宽已达到 100Mb。5G 无线通信不只追求提高通信带宽，而是要构建计算机与通信技术融合的超宽带、低延时、高密度、高可靠、高可信的移动计算与通信的基础设施。过去几十年信息网络发展实现了计算机与计算机、人与人、人与计算机的交互联系，未来信息网络发展的趋势是实现物与物、物与人、物与计算机的交互联系，将互联网拓展到物端，通过泛在网络形成人、机、物三元融合的世界，进入万物互联时代。

（2）信息处理的集中化和大数据化。20 世纪末流行个人计算机，由分散的、功能单一的服务器提供各种服务，但这种分散的服务效率不高，难以应付动态变化的信息服务需求。近几年兴起的云计算将服务器集中在云计算中心，统一调配计算和存储资源，通过虚拟化技术将一台服务器变成多台服务器，能高效率地满足众多用户个性化的并发请求。过去计算机企业追求的主要目标是"算得快"，每隔 11 年左右超级计算机的计算速度提高 1 000 倍。但为了满足日益增长的云计算和网络服务的需求，未来计算机研制的主要目标是"算得多"，即在用户可容忍的时间内尽量满足更多用户的请求。这与传统的计算机在体系结构、编程模式等方面有很大区别，需要突破计算机系统输入、输出和存储能力不足的瓶颈，未来 10 年内具有变革性的新型存储芯片和片上光通信将成为主流技术。同时，社交网络的普及使广大消费者也成为数据的生产者，传感器和存储技术的发展大大降低了数据采集和存储的成本，使得可供分析的数据爆发式增长，数据已成为像土地和矿产一样重要的战略资源。人们把传统的软件和数据库技术难以处理的海量、多模态、快速变化的数据集称为大数据，如何有效挖掘大数据的价值已成为新一代信息技术发展的重要方向。大数据的应用涉及各行各业，例如互联网金融、舆情与情报分析、机器翻译、图像与语音识别、智能辅助医疗、商品和广告的智能推荐等。大数据技术大概 5~10 年后会成为普遍采用的主流技术。

（3）信息服务的智能化和个性化。过去几十年信息化的主要成就是数字化和网络化，今后信息化的主要努力方向是智能化。"智能"是一个动态发展的概念，它始终处于不断向前发展的计算机技术的前沿。所谓智能化，本质上是计算机化，即不是固定僵硬的系统，而是能自动执行程序、可编程、可演化的系统，更高的要求是具有自学习和自适应功能。无人自动驾驶汽车是智能化的标志性产品，它集成了实时感知、导航、自动驾驶、联网通信等技术，比有人驾驶汽车更安全、更节能。美国已有几个城市给无人驾驶汽车颁发了上路许可证，估计 10 年内计算机化的智能汽车将开始流行。德国提出的"工业 4.0"，其特征也是智能化，设备和被加工的零件都有感知功能，能实时监测，实时对工艺、设备和产品进行调整，保证加工质量。建设智慧城市实际上是城市的计算机化，它将为发展新一代信息技术提供巨大的市场。

当前，在推动新一代信息技术与实体经济深度融合的过程中，主要面临以下几方面问题与挑战：

第一，重视"硬"装备，忽视"软"系统。我国在发展先进制造业时，重视发展重大复杂装备领域的突破，但是长期低估了数据要素在制造业智能化中的核心地位。对数据要素的重视不够，不仅是我国高端装备产业发展相对滞后的原因之一，也是影响我国高端装备产品品质（如产品稳定性）提升的重要制约因素，更为重要的是这不符合制造业智能化的发展趋势。

第二，信息通信基础设施尚不能满足智能制造发展的需求。信息通信基础设施升级是数据要素的廉价且大量供给的必要条件，是制造业智能化的基础。当前，我国信息通信基础设施距离满足"互联网＋"向各领域融合的需求仍有较大差距，在提升网络传输速度、降低网络能耗方面亟待加强。

第三，大数据技术与实体经济深度融合发展面临突出问题。一是数据要素的产权安排不明确。数据要素的配置涉及的社会关系、权利内容等都更为复杂多样。目前，利用大数据发展实体经济新业态普遍面临数据要素所有权和剩余索取权归属模糊的问题，这抑制了制造新业态发展投资的激励。二是基础设施的供给方式不清晰。大数据与实体经济深度融合依赖技术基础设施和制度基础设施的配套升级，但是基础设施投资不仅规模大，而且存在外部性问题，难以依赖市场机制解决。三是企业投资的收益性不确定。目前，企业对利用大数据促进实体发展的积极性在增强，但普遍认为投资规模太大、周期太长、风险高，导致投资回报低，影响企业的综合盈利水平，特别是广大中小企业利用大数据促进制造业转型升级的激励不足。

第四，推动人工智能与实体经济深度融合仍存在障碍，并带来新的挑战。得益于深度学习技术的成熟，大数据、云计算平台的完善，人工智能进入示范应用的发展阶段，但人工智能的大规模商业应用仍面临诸多障碍。一是人工智能技术及其在各领域的应用仍不成熟。二是计算能力缺乏。人工智能特别是最具前景的机器学习和深度学习技术，需要快速地进行大量数据计算，需要具备强大的处理能力。三是人工智能技术的应用还面临伦理、法律等方面的障碍。四是人工智能在实体经济中的应用会对就业结构产生深远影响，这对我国中高端人才和普通劳动者教育、培训改革提出紧迫的需求。

任务实施

查询新一代信息技术在不同领域与制造业等产业相互融合的案例。

任务总结

略。

项目评价

项目 5.2 评价（标准）表见表 5-2。

表 5-2　项目 5.2 评价（标准）表

项目	学习内容	评价 （是否掌握）	评价依据
任务 5.2.1　新一代信息技术核心技术	新一代信息技术所包含的核心技术		课堂练习观察
任务 5.2.2　身边的新一代信息技术	新一代信息技术应用案例		课堂练习观察
任务 5.2.3　新一代信息技术未来的发展趋势	新一代信息技术未来的发展趋势		课堂练习观察

项目小结

新一代信息技术不断发展，国家政策对其大力扶持，它为我们的生活提供便利。未来新一代信息技术将应用在不同领域与不同技术融合，发挥更大的作用。

练习与思考

1. 信息技术经历了哪几个发展阶段？
2. 新一代信息技术未来的发展趋势如何？

模块 6
做生活的便利者与职业的约束者

本模块包含 3 个项目，介绍信息技术概况、信息安全以及法律法规与行为自律等内容。由信息技术衍生而来的各项科技的进步、移动互联网的发展，使人们能随时随处上网查找资料；3D 打印让打印形式更加多元化；机器人实现了人工智能化，为人们的工作和生活提供了诸多便利。新冠疫情期间，许多学校进行了远程授课，远程授课成为主流教学模式。学生打开电脑或手机就能线上听课和学习。在此期间，信息技术也衍生了线上心理咨询这一新模式，帮助了很多人进行心理疏导和危机干预。

项目 6.1 信息技术发展的故事

情景再现

近期公司在积极争取和国内一所大型科技企业合作的机会,这次合作可能成为公司今年最大的合作项目。为了把握此次机会,公司迅速给小王所在的人力资源部分配了了解信息素养的学习任务,部门迅速把任务分配到个人,并针对这一主题组织了一次集中培训,力求让每位员工都了解信息素养的相关内容。

项目描述

为了进行此次培训,小王布置了以下几方面内容:首先介绍信息素养的概念、要素,接着介绍信息技术的发展脉络;在此基础上,以诺基亚为例,介绍其由成功到衰败的过程,展示信息技术的发展和品牌培育脉络,树立正确的职业理念;最后通过案例介绍,了解相关法律法规、信息伦理与职业行为自律的要求,从而明晰不同行业内职业发展的共性策略、途径和方法。

项目目标

(1)了解信息素养的概念和主要要素。
(1)了解信息技术的发展历史。
(3)了解诺基亚的兴衰历程。
(4)掌握信息伦理知识并能有效辨别虚假信息,了解相关法律法规与职业行为自律的要求。
(5)了解个人在不同行业内发展的共性途径和工作方法。

知识地图

项目 6.1 知识地图如图 6-1 所示。

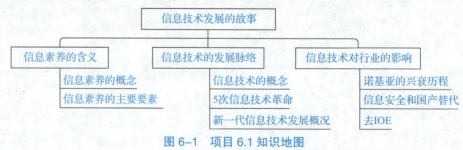

图 6-1 项目 6.1 知识地图

项目 6.1 信息技术发展的故事

任务 6.1.1 信息素养的含义

📋 任务描述

公司为了中标,需要做大量的准备,首先要了解什么是信息素养,以及信息素养包含哪些要素。

🎯 任务目标

(1) 能描述信息素养的概念。
(2) 能说出信息素养包含哪些要素。

📚 知识准备

国家提出的"教育信息化 2.0"中提到一个核心思想,即从提高信息技术向提高信息素养转变,由此可见,除了使用好信息技术外,信息素养也是至关重要的内容。2019 年,习近平总书记指出,大学生的信息素养是当前教育面临的重要问题。

💻 任务实施

(1) 搜集信息素养的相关资料。

①信息素养的概念。

信息素养既是人们需要具备的一种基本能力,也是一种综合能力的体现,包括获取信息、识别信息和运用信息这一完整的过程。

例如,小明想考取数据库技术证书,该怎么去准备复习资料呢?如果他具备基本的信息素养,那么他会这样做:

第一步: 搜索关于数据库证书的相关信息、历年真题,了解考试的难易程度,估算准备时长。

第二步: 通过考试网等途径搜索历年考试大纲(考试大纲的公布时间晚,通常参考历年的考试大纲,提前做准备),根据最近几年的考试大纲分析重难点。

第三步: 寻找正规的培训机构或网上教程。其中会有虚假的宣传信息和陷阱,需要识别和筛选。

第四步: 将考取证书的相关信息建立一个文件夹,并分类存储相关信息。

第五步: 有些下载的内容不能用于其他途径,以免侵犯版权。

第六步: 正式进入学习阶段。

这六个步骤中包含了信息检索、信息识别、信息评价、信息整合、信息使用和信息伦理等多个信息手段。

信息检索是用检索工具搜索信息,在大量的数据中辨别真伪,对信息进行合理的评价,筛选出正确、有用的信息,并把它们整合到一起,形成一个知识体系,这样才能真正进入证书考试的复习阶段。在整个过程中需要遵守信息规范和伦理的基本要求。

②信息素养的主要要素。

具备良好的信息素养，需要从以下三方面考虑。

a. 文化素养。

对知识有高的追求，有努力深造的意愿。

对生活充满激情，遇事保持正能量。

b. 信息意识。

具有运用信息解决实际问题的意识。

具有信息安全的意识，禁止打开非法网站和接收不良信息。

c. 信息技能。

掌握基本的搜索信息的能力。

运用文化知识和自身经验识别并找出有效信息。

运用信息技术解决信息整合的问题，达到分享和传播信息的目的。

（2）整理知识点，小组讨论信息素养的相关内容。

任务 6.1.2　信息技术的发展脉络

任务描述

员工知道了什么是信息素养后，下面需要搜集信息技术发展史的相关资料，了解信息技术有哪些重要的发展阶段和标志性事件。

任务目标

（1）能简单介绍5次信息革命的发展过程。

（2）能简要描述信息安全和国产替代的必要性。

知识准备

信息技术是信息素养的重要组成要素。信息技术代表着当今先进生产力的发展方向，信息技术的广泛应用使信息的重要生产要素和战略资源的作用得以发挥，使人们能更高效地进行资源优化配置，提高社会劳动生产率和社会运行效率。信息产品更迭迅速，只有与时俱进，才能走在时代前沿。

任务实施

1. 搜集信息技术的相关资料

1）信息技术的概念

信息技术是主要用于管理和处理信息所采用的各种技术的总称，利用信息技术对信息进行获取、加工、表达、交流、管理、评价等，便于信息的传递与交流，提高工作和生产效率。

信息技术的应用包括计算机硬件和软件、网络和通信技术、应用软件开发工具等。计算机和互联网普及以来，人们日益普遍地使用计算机来生产、处理、交换和传播各种形式的信息。

2）5次信息技术革命

作为先进生产力的代表，信息技术改变了世界，不仅对社会文化和精神文明产生了深刻的影响，而且有力地促进了经济结构的调整与经济效率的提高。从信息技术的发展看，其经历了5次革命。

（1）第一次信息技术革命的标志是语言的使用，发生在35 000~50 000年前，其经历了4个阶段。

①前语言阶段。

前语言即动物语言。奥地利生物学家弗里希做了一个有趣的实验，探知到蜜蜂间进行信息传递的小秘密。当一只蜜蜂发现花蜜后，它立即飞回去告诉同伴们，如果没有它的带领，其他同伴能找到蜜源吗？科学家截住了那只带领同伴们飞到蜜源的蜜蜂，其他蜜蜂仍可以找到蜜源，它们通过舞蹈辨别蜜源在哪个方向、距离多远，如图6-2所示。

图6-2　蜜蜂间的信息传递

②动作语言阶段。

当类人猿解放出双手后，可以通过手脚并用的方式比画，黑猩猩经过不断进化，可以发展出68种手语和多种身体语言。

③意象语言阶段。

意象语言是有声语言的早期形态。意象语言只能用单一的词表示同一种情形。渐渐地，人类发展出很多语言，如印第安人可以用不同的词表示上百种不同的树。

④概念语言阶段。

有声语言逐渐成熟，产生了一套统一的语言体系，如水、草、树等都有了独有的名称，人类能够快速辨别和表达语言的含义，进行有效的信息交流。在此阶段，人类语言体系已经形成，人类能够清晰表述含义，大大提高了生产力。

（2）第二次信息技术革命的标志是文字的出现，发生在公元前3500年。据大量的考古发现，文字的出现距今6 000年，也正是文字的出现，标志着人类社会进入文明时期。最早的文字是象形文字，如图6-3所示。象形文字书写费时又难看懂，几百年后，古埃及人发明了一种文字体系，圣书体由此出现。

1000多年后，在幼发拉底河和底格里斯河流域出现了苏美尔文明，该地区的人们使用楔形文字记录生活，如图6-4所示。楔形文字大多在软泥被晒后制成的泥板上或坚硬的物体上书写，所以线条笔直，也有人称它为"钉子文字"。

图6-3　古埃及象形文字

图6-4　楔形文字

后来玛雅文明出现，玛雅文字也随之出现。玛雅文明衰亡后，玛雅文字一直无人能解。现代的玛雅人仍在使用玛雅语言，却很难破解玛雅文字。

公元前3000年，印度的梵文出现（图6-5）。古印度是佛教的发源地，如今的印度语就是从梵语演变而来的，梵语虽然作为印度官方语言之一，但是很少人会用梵文交流，梵文一度被认为是"死语言"，只能用作文献的记载。

在我国商朝时期，出现了甲骨文，但是到了清朝才在大量的龙骨上被发现。甲骨文多用刀刻在兽骨上，字体有粗有细，但已有稳定对称的体系。

（3）第三次信息技术革命的标志是印刷术的发明，发生在公元1040年。

图6-5　梵文

在汉朝人们发明纸后，文字更多地被记录在纸上。西汉时已经有了麻纸，如图6-6所示。麻纸用麻类植物作为原材料经多种工序手工打造而成，能够保存上千年，不易变色变脆。到了东汉，蔡伦经过加工和改造，发明了纸。古人通常在纸上记载事件，后人需要抄写，而且还容易抄写错误或者返工重抄。

在东汉，人们将一张薄薄的、坚硬的纸张浸湿后覆盖在石碑上，再用刷子轻轻地反复敲打，晾干后刷上墨汁或彩料，最后墨水就自然地分布在文字上了。隋唐时，人们在此基础上进行了改良，在一块有厚度的木板上，把记录文字的薄纸紧贴在上面，把木板上没有字迹的部分削去，就可以反复使用这块木板了。这就是雕版印刷，如图6-7所示。与拓印相比，它省去了在木板上雕刻的大量时间，形成了内容固定的木板。

雕版印刷仍存在弊端，即还是不能改变木板上的个别文字，在纸张上很可能出现涂改的痕迹，需要耗费很多木材。直到1300多年后，北宋的伟大发明家毕昇发明了活字印刷术，如图6-8所示。

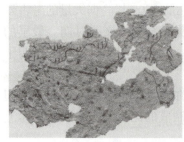
图6-6　麻纸

图6-7　雕版印刷

图6-8　活字印刷

明清时代活字印刷盛行，金属代替了原始的胶泥，出现了铜活字，清朝曾用铜活字印刷《古今图书集成》一万卷，用了将近200万个铜活字。活字印刷不仅是中国四大发明之一，更传播到了亚欧等多国，为世界的文化发展做出重要贡献。活字印刷来源于中国，但是中国文字太多，无法将此种技术沿用至今，活字印刷反而在那些以英文为主的国家更受欢迎，因为只需要制作26个字母字模就可以组合成任意单词。

（4）第四次信息技术革命的标志是电报、电话、广播和电视的发明和普及，发生在19世纪中叶。

①电报。

电报是最早用电的方式传送信息的通信方式，通过电报传递一个个符号，用莫尔斯密码译成电码后，最终由电报机发送信息。收报的过程恰好相反，先将电码译成符号后再发送出去。

1833年，德国科学家高斯和德国科学家韦伯研制出电磁式电报机，他们在两个实验室中间布置一条电线，制定了密码，用磁针摆动的方向和次数表示a、b、c。

1844年，美国科学家莫尔斯和同伴用莫尔斯电码把电报发送给距离华盛顿40英里的巴尔的摩城，世界上第一次实现了长距离的电报发送。1812年1月8日凌晨，美国独立战争的最后一战本可以避免人员死伤的情况，但因为早在两个星期之前美国和英国签订了停战协议，而这一消息需要数天才能传到大西洋彼岸。

此事如果发生在1850年，这一信息可以很快地被接收到。这一年，位于法国和英国之间的英吉利海峡出现了一条电报线，它是世界上第一条在海底铺设的电缆。

位于太平洋西岸的中国也因为接收消息不及时，当台湾被入侵一个月后，紫禁城才接收到这一晴天霹雳的消息。1875年，为了防止日本的进一步入侵，洋务运动代表人物丁日昌在福建建立了中国第一个电报学堂，培养了一批电报人员，我国终于有了第一条电报线并被广泛使用。19世纪，电报得到了飞速发展，直至21世纪新兴的通信产业普及，各国才宣布停止发送电报。

②电话。

电话最早传入中国是在1881年左右，当时有两个外国人带了几部电话机到上海"淘金"，只要支付36文制钱，两人就可以在电话机两端聊天。皇帝自然是第一批使用电话的尊贵人士，最著名的事件是当时困于紫禁城中的皇帝溥仪给胡适打了一通电话，邀约见面。慈禧、光绪用过的电话机如图6-9所示。19世纪，丹麦人在上海开办了中国第一所电话局，但是由于租借的贸易制度，不能和我国其他市区进行直接通话，需要人工转接。这一情形持续长达70年之久，直到新中国成立后，中国才有了能够直接在各地进行长途通话的电话机。

图6-9 慈禧、光绪用过的电话机

③电视。

电视的发明者主要是苏格兰科学家约翰·洛吉·贝尔德和俄裔美国科学家兹沃里金，他们分别发明了机械电视机和电子式电视机。1925年，贝尔德制造出了世界上第一台能够传送图像的机械电视机，如图6-10所示，他把家里的盥洗盆和茶叶箱连在一起，箱子上放置一个废旧的电动机，将报废的物件作为投影灯和其他的零件。就这样，一台简陋的电视机问世了。当阴极射线管材料出现后，机械电视机逐渐消失。

1958年1月，天津制造出了中国第一台黑白电视机，如图6-11所示，两个月后在天津无线电厂试验成功。这台电视机被誉为"华夏第一屏"，当时在北京进行试播，为了纪念这一特殊时刻，它被命名为"北京牌"。北京牌电视机具有里程碑的意义。

图6-10 贝尔德的第一台电视机中的玩偶画面

图6-11 北京牌电视机

（5）第五次信息技术革命的标志是计算机的普及和应用以及计算机技术与通信技术的紧密结合，发生在20世纪60年代。

① 1946—1958年，第一代电子计算机诞生，以电子管作为元器件。

世界上第一台通用计算机"ENIAC"由美国人莫克利（John W. Mauchly）和艾克特（J. Presper Eckert）两位科学家发明，如图6-12所示。由于电子管体积庞大，耗电量巨大，并且容易发热，因此 ENIAC 不能长时间工作。

图 6-12　ENIAC

② 1958—1964年，第二代晶体管电子计算机诞生，采用晶体管代替电子管。

主机采用晶体管等半导体器件，以磁鼓和磁盘为辅助存储器，采用算法语言（高级语言）编程，并开始出现操作系统。最初的晶体管原始且笨拙，科学家们改良后，晶体管不仅尺寸小、质量小、寿命长，而且效率高、发热少、功耗也低，相较第一代电子管，功效大大提高。

在这个时间段，中国的第一台计算机也终于诞生。1956年4月，周恩来总理亲自领导制定12年科技发展远景纲要，华罗庚被任命为计算技术规划组组长，8个月后，中国第一台计算机103机正式问世。

③ 1964—1970年，第三代集成电路计算机诞生，出现了集成电路。

相较第二代晶体管，电子器件的集成度提高。硬件以集成电路为主，体积再一次减小了很多，功耗又降低了一些，可靠性更高，运算速度也随之加快了。随着集成电路技术的发展，计算机各方面的性能得到了飞速提高，集成电路也为现在微型计算机的发展奠定了牢固的基础。

④ 1971年—20世纪80年代，第四代大规模集成电路计算机诞生。

大规模集成电路计算机的好处是可以在芯片上容纳多至几十万个元件，后来逐渐发展到几百万个元件。计算机的体积在不断地减小，性能和可靠性在不断地提高。迄今为止，计算机的发展处在第四代大规模集成电路计算机时期。

2. 新一代信息技术发展概况

1）人工智能

随着大规模集成电路的发展，世界各国的计算机发展迅速，已经成为每家每户不可或缺的电子产品。第五代智能计算机已经在发展的道路上，智能化赋予了计算机人的思维能力。众所周知的人机大战源于2015年10月智能计算机以5比0的战绩完胜欧洲围棋冠军。2016年，智能程序"阿尔法围棋"以3：0打败了当时世界第一的围棋手柯洁。这个计算机程序结合了世界上所有顶尖围棋手的技巧方法。2017年，中国科学院科学传播局与中央电视台综合频道共同承办的大型科学挑战类节目《人机大战》在中央电视台综合频道播出。这是国际顶尖人才和国际顶尖智能机大战，也是一次世界瞩目的擂台战，结果也是人惨败给机器。目前许多公司已经使用机器人代替了部分人工操作，虽然减少了人力，却提高了工作效率，促进了生产力的发展。

2）数字企业

数字企业运用信息技术进行经营和管理，实现企业的数字化管理。例如顾客可以在互联网上看到企业主页，从主页上可以查询企业研发的产品以及产品的所有参数和性能，顾客可以线上购买产品，还可以通过网络提交对产品的使用体验，促进企业有针对性地提高用户体验感；销售部门接到用户的反馈后，结合之前的销售数据，可以估算出季度销量，确定日程安排，根据系统里的数据，可以查看客户的需求量和需求内容，估算出供应时间、供应内容、供应量、供应地点等；销售子系统在接收到客户订单后，结合企业的销售预测数据，得出总的预测销售量；供应商可通过互联网查看生产情况，通过数据库的数据可以查找生产商的生产时间、生产数量等，以确保能提前把需求告知生产商，以缩短等货、送货时间。供应、物流、销售等所有产业链都可以在一个系统里面运转，形同一个公司，实现了信息的共享。

3）5G

5G又称为第五代移动通信技术，相较4G增加了带宽，用户数量也成百倍地增长，网速较4G时代提高了百倍。华为公司作为移动通信领域的领头羊，早在2009年已经对5G进行了研究。今天，我国的5G在国际上已经处于领先地位，5G手机也已经出现，并且在小范围内使用。

5G的特点如下：

（1）上网速度提高，如以前下载一部电影需要十几分钟，而用在5G下只需要几分钟。

（2）广泛连接，超越时间和空间，在平台上可以实现信息共享。

（3）可以选择多种工作场景，如进行线上教学、远程会议，汽车飞机等可以无人驾驶。

科学家们对计算机的研究脚步从未停止，量子计算机、生物计算机、机器人等研究不断发展，有的只是提出了构想，有的已经研发出了实物产品。高度信息化的社会必须有高级信息通信网的支持。信息通信网就是采用数字技术，使现代通信技术与电子计算机结合起来，经济有效地传送、存储和处理各种通信业务信息的统一的网络体系。

3. 整理演讲稿

（1）理清本项目知识地图，提炼有关本任务的演讲提纲。

（2）整理知识点，形成完整的脉络。梳理各知识点的内容，理清它们的关系和顺序。

（3）熟悉演讲稿，制作PPT，PPT中呈现精华的部分，切忌文字过多，根据情况尽量以图片为主。

任务总结

计算机正在朝着智能化、以人为本和信息安全的方向前行。我国在"十三五"规划纲要中指出，将培育人工智能、移动智能终端、5G、先进传感器等作为新一代信息技术产业创新重点发展，拓展新兴产业发展空间。

任务 6.1.3　信息技术对行业的影响

任务描述

通过任务6.1.2，我们已经知道了信息技术发展的重用意义，本任务介绍一个案例，说明信息技术对行业的影响力，最后讲解为何要进行国产替代。

任务目标

（1）了解诺基亚公司的兴衰历程。

（2）了解去IOE的概念。

（3）理解国产替代的必要性。

知识准备

信息技术行业的领军企业有很多,如腾讯、百度、阿里巴巴等都是极其成功的案例,但也有一些曾经是佼佼者,因为不能与时俱进而停止了发展的脚步,如诺基亚。中国很多核心的信息技术还要依靠国外的技术支持,在如今紧张的国际环境下,如果发展国产技术成为亟需解决的问题。

任务实施

1. 搜集信息技术的相关资料

1) 诺基亚公司的兴衰历程

诺基亚手机如图 6-13 所示,2014 年,微软公司正式收购诺基亚公司,当时的诺基亚公司 CEO 在发布会上说过的话让人为之叹息。

诺基亚公司是以工业起家的,主要涉足造纸、化工、橡胶等多个领域,效益并不高,这才把目光转向了家用电器、计算机等新兴领域,逐渐转变为高科技集团公司。1986 年诺基亚公司成立了研究中心,主旨是加强衍生技术的开发,培育新科技和有洞察力的创新公司。诺基亚公司还建立了 3 个战略中心,包括移动、多媒体和无线三大部分,发展卓有成效。20 世纪 80 年代末—20 世纪 90 年代初诺基亚公司创造了很多神话:

图 6-13 诺基亚手机

制造世界上第一部车载电话、推出全球第一个商用的 SMS、制造当时世界最小的 GSM 网站、推出世界最小最轻的移动电话,等等。诺基亚公司坚持技术创新、服务创新、产品创新、业务创新、细节创新,以提供越来越好的用户体验。

但是信息技术飞速发展,新技术产品后来者居上,而诺基亚公司固步自封,坚持原有的发展战略,最终走向衰落。

2) 国产替代

(1) 国产替代的含义。

国产替代是指以国产产品替代那些被垄断的外国产品,主要发生在具有某些科技含量的被外资垄断的行业,目标是实现研发自主可控的产品。

(2) 为何国产替代成为必然

冷战结束后,美国颁布了《1988 年综合贸易与竞争法》,俗称"301 超级条款",为了保护美国的知识产权提出了 301 个条款,签署国必须无条件接受很多不平等条约,中国也是其中之一。中美贸易战自"301 超级条款"实施后从未停止过。早年的 5 次对中国的"301 调查",分别发生在 1991 年(2 次)、1994 年、1996 年以及 2010 年,对中国贸易造成了不小的负面影响。2018 年 4 月,中兴通讯被查出违反了美国对伊朗出口禁令,将一批通信设备出口给伊朗电信运营商。中国只有一再退让,签订了许多不平等条约并支付巨额罚款。此后中兴通讯一路走下坡,被美国打击得没有还手之力。近几年的华为事件表明,在某些领域虽然中国拥有自主研发权,但是核心技术仍然依靠进口。

美国要从经济上遏制中国的崛起。中国的军工等掌握国家命脉的产业大受影响。国家信息安全也存在隐患,国产替代成为迫在眉睫的主流问题。

PET-CT 是检查病变的医学设备,应用于癌症、心血管疾病、神经系统疾病等重大疾病的诊断。这一技术长期被通用电气、菲利普、西门子这三家企业垄断,我国的很多医疗设备都是从国外进口的。2019年，山东移动联合华为公司提出了CRM核心系统的研究方案，并成功实现了软、硬件的替换，整个核心技术全部是中国自主研究的，见表6-1。这大大降低了进口的成本，推动精准医疗向前迈出重要的一步，让我国的医疗设备发展上了一个新台阶，从而能够为患者提供质更优质、更廉价的医疗检测服务。

表6-1 核心系统解决方案

方案对比	国产化解决方案	传统解决方案
服务器	TaiShan	小机
CPU	鲲鹏	Power
操作系统	EulerOS	Aix
数据库	GaussDB OLTP	Oracle 11gR2
中间件	OpenAS+TPCloud	WebSphere+CICS
业务系统	CRM能力开放平台	

在电子电气时代，半导体是重要的产品零件，芯片变得至关重要了。芯片特别昂贵，基于此，我国一直为"中国芯"努力着。华为海思是世界排名前十的芯片设计公司，从1995年开始，我国中科院半导体研究所也开始进行第三代芯片材料的研究工作。"十四五"规划中提出："在2021—2025年的5年时间内，举全国之力，在教育、科研、开发、融资、应用等各方面对第三代半导体发展提供广泛支持，从而实现芯片产业的独立自主。"但是目前很多的生产技术还是绕不开美国的一些核心技术。美国的信息技术确实处于世界顶尖。中国科学院倪光南院士说过："加快推进国产自主可控替代计划，我们应当清醒地认识到，关键核心技术是要不来，买不来，讨不来的，国之重器必须立足于自身。"

（3）去IOE

棱镜门事件让中国意识到一定要确保政府数据的绝对安全。2008年，阿里巴巴提出去IOE，2013年，阿里巴巴最后一台小型机下线，如图6-14所示。何为去IOE？"I"是指IBM的小型机，即硬件和整体的服务商；"O"是指Oracle数据库；"E"是指EMC存储设备。去IOE就是减少甚至不再购买IBM、Oracle、EMC等企业的产品而用云计算替代。目前离"全云"还有一段距离，国产设备的稳定性还有待加强，还需要一个过程我国才能真正从技术上在国际占据重要位置。

图6-14 阿里巴巴最后一台小型机

练一练：搜集资料，说明国产替代的必要性。

信息技术给我们的生活提供了很多便利，信息技术是人类生活的大功臣。我国一直在为让中国产品在世界上拥有一席之地这一目标努力，未来可期。

2. 整理演讲稿

（1）理清本项目知识地图，提炼有关本任务的演讲提纲。

（2）整理知识点，形成完整的脉络。梳理各知识点的内容，理清它们的关系和顺序。

（3）熟悉演讲稿，制作 PPT，PPT 中呈现精华的部分，切忌文字过多，根据情况尽量以图片为主。

3. 演讲

以小组为单位，每组至少派两名同学上台演讲。

任务总结

国产替代是一个大趋势。我们可以利用信息技术和生命赛跑。医院是抗击疫情的主力军，有一套完备的预警机制，通过苏康码和医院数据库，医护人员能立刻筛选出高危人群，提前做好防护工作。对于不方便到医院就诊的患者，医院也可以进行远程诊疗。

项目评价

项目 6.1 评价（标准）表见表 6-2。

表 6-2　项目 6.1 评价（标准）表

项目	学习内容	评价 （是否掌握）	评价依据
任务 6.1.1　信息素养的含义	信息素养的含义		课上观察
任务 6.1.2　信息技术的发展脉络	信息技术的发展脉络		课上观察
任务 6.1.3　信息技术对行业影响	国产替代		课上观察
表达效果	表达有条理，突出主体内容		课上观察
呈现效果	积极参与小组工作，有明确任务，最终按要求完成设计		课上观察

项目小结

通过了解信息素养的含义、信息技术的发展脉络和信息技术对行业的影响，我们理解了为何要尽快进行国产替代。搜集相关资料时，需要摘取关键语句，整理好一段话，并最终形成自己的语言，这也是更好地理解知识必不可少的过程。PPT 起辅助作用，通过小组合作，展现团队的合作能力。

练习与思考

1. 信息素养的主要要素是什么？
2. 简述信息技术的 5 个发展阶段及其重要事件。
3. 简要介绍诺基亚公司的兴衰历程。
4. 简要说明为何要进行国产替代，至少举一个案例说明。

项目 6.2 行业内个人的职业发展

在瞬息万变的信息时代,拥有一份长期稳定的职业不是那么容易,而寻求一个新的职业突破更是难上加难。现在越来越多的职业人跟不上社会发展的速度,急需寻求一份稳定的工作,几年来没有放弃过公务员之路,我国公务员考试人数出现成倍增长的趋势。怎样才能在工作岗位上站稳脚跟呢?

情景再现

小王是一家公司的负责人,该公司近几年发展迅猛,且和公司 B 过业务上的往来,但是公司 B 近两年的发展缓慢,员工向心力不足,缺乏斗志,于是公司 B 邀请小王做一期职业规划和发展的演讲,借此激励员工。小王也看好公司 B 的发展潜力,希望能提高公司 B 的竞争力,争取长期合作。

项目描述

小王为了激励公司 B 的员工,介绍如何制定职业发展规划,从方法和途径两个方面入手,根据现实情况采取不同的策略。

项目目标

(1)认识寻求职业发展的重要性。
(2)了解个人职业发展的途径。
(3)了解个人职业发展的方法。

知识地图

项目 6.2 知识地图如图 6-15 所示。

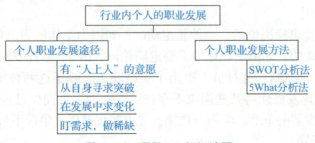

图 6-15 项目 6.2 知识地图

任务 6.2.1　个人职业发展途径

任务描述

小王为了公司 B 进行一场关于个人职业发展的演讲，需要做很多准备，他想先从个人职业发展途径方面阐述，帮助员工明确发展方向。

任务目标

（1）能说出个人职业发展的途径，并作简要阐述。
（2）了解竞争力金字塔的层次，定位自己目前所在层次和目标层次。

知识准备

同一领域的应用往往需要多种信息技术的通力合作，才能高效率地进行信息间的传递。通过对行业相关信息技术情况的了解，内化形成个人的信息职业素养，这对于个人的职业发展起到至关重要的作用。

任务实施

1. 总结个人职业发展的途径并归纳整理

1）有"人上人"的意愿

拿破仑说过"不想当将军的士兵不是好士兵"，同样，不想当领导的员工不是好员工。只有这样，你才能以更高的标准要求自己。怎样才能走上晋升之路呢？前提是力求将眼前的工作做到最好，给领导留下好印象，没有领导的提拔何来上升之说。还要有很强的责任心，尽全力为公司的发展出一份力。机会总是留给有准备的人。

2）从自身寻求突破

小王是计算机专业出身，也对信息技术有着浓厚的兴趣，在校期间也曾获得过技能大赛的荣誉，学习期间考取了相关专业证书。通过几年的工作历练，小王的专业能力得到了很大的提高。但是小王目前只是公司普通程序员中的一员，和公司的"高手"还有一段距离。小王每天完成既定任务后，自己报名参加了线上的专业培训，工作上又向同事请教和交流，虽然不能接到高端项目，但是在目前所接的项目中往往比其他组员更快想到实施办法，通常能想到创新的方法，多次给项目组带来惊喜。

3）在发展中求变化

有两种情况是需要更换岗位的。一种是主动的，如因为工作能力出色被领导赏识而更换岗位；还有一种是被动的，如由于职业的需要定期轮岗，IBM、摩托罗拉、西门子、爱立信、华为等公司都建立了轮岗制，这对员工提出了更高要求。除了这两种情况外，还有一种情况，那就是时代的快速发展使得某些岗位不存在了，因为这个岗位已经没有存在的价值了。所以，需要紧跟时代发展的节奏，学习新技能，寻求替代发展，争取不被社会淘汰。

4）盯需求，做稀缺。

今天看来冷门的行业，在不久的将来有可能成为热门行业。以心理学为例，在 20 世纪初,北京大学教授陈大齐建立第一个心理学实验室,心理学书籍更如雨后春笋,不断涌现。各大学也开设了心理学课程。1995年,国家教育部成立我国第一个高等学校心理学教学指导委员会,在各大高校也建立了心理学研究基地,到了1999年,国家科技部将心理学确定为18个优先发展的基础学科之一。2000年,心理学被国务院学位委员会确定为国家一级学科。即使如此,意识到它的重要性的人还是占少数。其实中国是一个人口大国,发展又如此迅猛,出现心理问题的人很多,但是中国人对心理学一直存在误解,认为只有心理疾病的人才需要寻求帮助。在新冠疫情期间,心理学界人士自发成为志愿者,帮助困难人士扫除心理障碍,重获对生命的希望。结合国家形势、国际环境,寻找突破口,学习新技能,这是实现职业发展的又一途径。

竞争力金字塔如图6-16所示,它把竞争力分为5个层次,最底层是体力,最高层是系统,下面对每个层次进行解读。

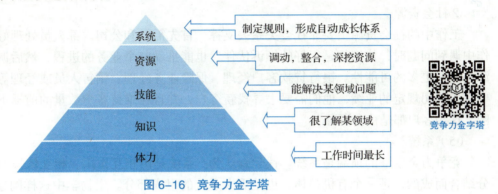

图6-16 竞争力金字塔

(1)体力。

所谓体力工作,是一种以消耗体力为主的劳动,如搬运货物、打扫卫生等,只要拥有强健的体魄就能完成。体力工作没有含金量,薪水非常低,当公司面临裁员危机时,体力工作人员最容易被撤裁。

(2)知识。

知识就是力量,这力量如铁钢一样坚硬。

学习知识是途径,但不是目的,怎样用好知识,为自己和公司谋发展才是思考的方向和目标。

(3)技能。

知识再上升一个层次就是技能。国家对人才的需求越来越大,随之而来的人才竞争也越来越激烈。

技能分为3类:通用技能、专业技能和学习能力。

①通用类技能。

这类技能在日常生活中应用广泛,例如应用办公软件能力。很多人对这类软件的学习都停留在表面,如只会用Word录入文字,连最基本的排版和页码设置都不会。这将导致工作上的大问题,必须进行全面学习加以解决。

②专业技能。

专业技能通常是指与岗位相关的技能。学生在校期间由于条件限制,主要学习理论知识,为专业上的实践奠定理论基础以便工作后能够很快学会岗位技能。近年来,大学生技能不足以应付工作的问题普遍存在，全社会对人才的认知也开始转型，从注重学历转变为注重实际操作能力。

③学习能力。

面对不断的变化，除了从各种途径寻找学习资源，也要会学习，构建一个完整有序的框架体系，对需要的知识进行重新整合。只有不断学习各种新知识和新技能，才能以不变应万变。

（4）资源。

资源是一地区内物力、财力、人力等各种物质要素的总称，在工作中指企业从事各项必要作业所必需的经济要素。资源广义上可以分为自然资源和社会资源。

①自然资源。

工作中的自然资源包括自身的优、缺点，现在的工作岗位，从事的工作内容，周围的工作环境等等，让资源最大限度地为自己服务，就有可能踏入金字塔的上一层。

②社会资源。

工作中的社会资源主要靠社会关系去支撑。首先需要和公司内部人员处理好关系，在工作中遇到问题时，他们都是很好的倾诉伙伴，也能推动整个业务的进程，然后调动下属的资源去创造更多的可能性。银行贷款客户经理、保险业务经理、销售人员或经理等，每个月都要完成公司规定的业绩，他们需要去寻找新客户，并且在维持客户数量的前提下扩大客户范围。这些客户都是社会资源。

（5）系统。

竞争力金字塔的顶端是系统。钱学森认为：系统是由相互作用、相互依赖的若干组成部分结合而成的，是一个有机整体，也是更大系统的组成部分。生物学中这样阐述：生物体内有多种器官，所有器官构成一个循环系统。电子电器中，系统是也是电子产品的核心组成部分，是机器能正常运转的关键保障。系统就像企业的负责人，需要统筹规划企业的发展方向和整体布局。

2. 互动讨论，发表关于个人职业发展途径的感想

（1）采取提问的方式发表个人见解或感想。

（2）采取游戏的方式发表个人见解或感想。

任务总结

从以上五个方面寻求个人职业发展的途径固然很重要，但是要根据现实情况选择合适的方向，可以从个人兴趣、个人潜力、事业目标、家庭发展等因素考虑，之后制定一个具体的发展规划。

任务 6.2.2　个人职业发展方法

任务描述

小王准备好个人职业发展途径的材料后，接下来需着手准备个人职业发展方法的相关资料，并做好 PPT 来辅助演讲。

任务目标

（1）能说出个人职业发展的几种方法，并作简要阐述。
（2）能够说出 SWOT 分析法的含义。
（3）能够说出 5What 分析法的含义。

知识准备

SWOT 分析法和 5What 分析法都可用来分析自己所处的现状，以便更好地发展。本任务使用 SWOT 分析法归纳了几个要素来认清形势，接着用 5What 分析法阐述从哪几个方面去思考。

任务实施

（1）查找 SWOT 分析法的资料。

① SWOT 分析法的含义。

SWOT 分析法又叫态势分析法，这是大学教授提出的一种管理经营企业的方法，对个人也同样适用。运用 SWOT 分析法，可以了解自己周边环境如何、自己目前处于什么状态、自己的优、劣势分别是什么，将与研究对象关联的所有资源组合在一起，依照一定的顺序排列，即将各种主要内部优势、劣势和外部的机会和威胁等通过调查列举出来，并依照矩阵形式排列，然后把各种类型相同的因素归到一类中分析，进而得出结论。简而言之，使用 SWOT 分析法能够更清晰地认识自己目前所处的形势。

a. 内部因素。

内部因素有两种——S（Strength，优势）和 W（Weakness，劣势），属于可控因素

把 S 和 W 看成一个整体，每个人都要定期审视和总结自己的优势和劣势，在特定时间回顾过去的经历、错误，分析当初造成错误局面的原因。当两个人都有相同的专业技能水平，都想得到主管职位时，需要全面地分析两个人在工作中创造的价值，以及两个人的性格特点、处事风格、和同事领导的关系等一系列的因素进行综合判断，这其实就是分析个人的内在资源有哪些，最终识别哪个是绩优股，拥有为公司创造更多价值的潜力。个人要分析自己的优、劣势，思考如何扬长避短，从而长期地扬长补短。

个人在维持竞争优势的过程中，认识自身的资源和能力，不能懈怠，也不能骄傲自满，因为在一个有竞争压力的环境中，稍微疏忽就会被他人赶超，优势就没有那么突出了。从用人单位的角度看，这样的集体是一个良性的、充满活力的、拼搏向上的集体，也是能创造更大价值的集体。

b. 外部因素。

外部因素有两种——O（Opportunity，机会）和 T（Threat，威胁），属于不可控因素

把 O 和 T 看成一个整体，这一部分主要用来分析外部条件，无法制止和改变，只能以不变应万变，并且从可控因素中挖掘可以操作的资源。办法总比困难多，只要放平心态，威胁也可以成为突破的机会。机会不会自动送上门，机会稍纵即逝，只要是好的机会，对自己一定是有利的，哪怕当时无法衡量它的重要性，也是值得把握的。

c. 自由组合分析。

各因素还可以进行自由组合，见表 6-3。

表 6-3 SWOT 分析法自由组合

内部环境＼外部环境	机会分析（Opportunity）	威胁分析（Thread）
优势分析（Strength）	机会优势（O、S）	威胁优势（T、S）
劣势分析（Weak）	机会劣势（O、W）	威胁劣势（T、W）

练一练：用 SWOT 分析法回顾自己的经历，以简短的话语概括，标注运用组合中的哪一项，哪一项运用得最多，哪一项运用得最少，最后在每一项后面写上取得的成效。

（2）查找 5What 分析法的资料。

① 5What 分析法的含义。

5What 分析法是用 5 个"W"来思考职业生涯规划。如果能解决下面 5 个具体问题，就会找到适合自己的答案：

a. Who are you？（你是谁？）

这是指对自己进行深刻的反思，充分了解自己的优点，对自己有一个全面、客观、清醒的认识。

b. What do you want？（你要什么？）

经过思考，知道自己要什么。

c. What can you do？（你能做什么？）

这是指要清楚自己能干什么或者在哪些方面可能有发展的潜力。这也是在了解自己的基础上思考得出的结论。

d. What can support you？（你有什么资源？）

这主要是指周围环境资源的支持，这种支持有助于自我发展。

e. What you can be in the end？（你想成为什么样的人？）

你想做什么？想成为怎样的人？这是建立在前 4 个问题的基础之上的回答。

② 成功的案例分析。

SWOT 分析法和 5What 分析法有很多相似点，经过 SWOT 分析后，用 5What 分析法将规划具体呈现出来，最终获得一个清晰的答案。

下面介绍一个成功的案例：阿诺德·施瓦辛格一直没有偏离开自己制定的短期目标、中期目标和长期目标。

阿诺德·施瓦辛格被誉为奥林匹亚先生，是健美运动员、力量举运动员、演员、导演、制片人，甚至一跃成为政治家（加州州长）。施瓦辛格在儿时就有伟大的目标，施瓦辛格儿时的小伙伴说，施瓦辛格给自己设立了 6 个人生目标，如图 6-17 所示。

施瓦辛格的人生目标可以说基本实现了。

1. 成为世界顶级健美冠军
2. 成为世界著名的电影明星
3. 成为出色的学者型商人
4. 成为肯尼迪家族的女婿
5. 成为美国加州州长
6. 成为美国总统

图 6-17 施瓦辛格的六大人生目标

（3）结合自身情况用 SWOT 分析法和 5What 分析法阐述自己的职业发展规划。

（4）小组展示和互评

①分组展示发展规划。
②至少两人展示,多多益善。
③以 PPT、诗歌、相声等一种或多种形式呈现皆可。
④小组之间进行打分,选出最佳表现组和最佳演讲者。

任务总结

SWOT 分析法和 5WHAT 分析法非常实用,能够使人们认清形势,作出正确选择。

项目评价

项目 6.2 评价(标准)表见表 6-4。

表 6-4 项目 6.2 评价(标准)表

项目	学习内容	评价（是否掌握）	评价依据
任务 6.2.1 个人职业发展途径	个人职业发展途径		课上观察
任务 6.2.2 个人职业发展方法	个人职业发展方法		课上观察
表达效果	表达有条理,突出主体内容		课上观察
呈现效果	积极参与小组工作,有明确任务,最终按要求完成设计		课上观察

项目小结

在这瞬息万变的信息时代,拥有一份长期稳定的职业不是那么容易,而寻求一个新的职业突破更是难上加难。SWOT 分析法和 5WHAT 分析法都非常实用,其目的都是为职业生涯作规划。小组展示环节需要明确基本要求,鼓励多人合作。

练习与思考

1. 简述个人职业发展途径有哪些。
2. 简述竞争力金字塔的含义。
3. 用 SWOT 分析法分析自身情况,并用 5What 分析法对具体个人职业发展进行说明。

项目 6.3

个人素养与行业行为自律

工作是立身之本,是人们生活的保障,更是实现自我价值的地方。俗话说无规矩不成方圆,国有国法,家有家规,单位也有自己的规章制度,为了匹配职业也需要为自己量身定制职业准则,并依据这个准则要求自己。

情景再现

通过前两个项目,公司员工已经对信息技术和职业发展有了一定的认知,接下来需要知道遵循怎样的规则才能在职场中立于不败之地。

项目描述

为了使公司 B 的员工规范地在行业内发展,小王将从生活情趣、职业态度、职业操守、商业利益和不良行为等 5 个方面去规范个人职业行为并且通过介绍信息伦理和法律知识来达到职业行为自律的目的。

项目目标

(1)知道个人素养和行业行为与哪些方面有关。
(2)知道什么是良好的生活情趣。
(3)了解什么是端正的职业操守。
(4)了解信息伦理和法律的相关内容。

知识地图

项目 6.3 知识地图如图 6-18 所示。

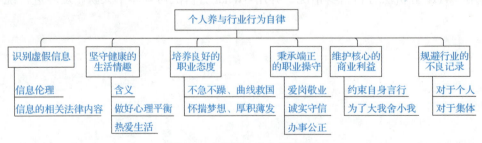

图 6-18　项目 6.3 知识地图

项目 6.3　个人素养与行业行为自律

任务 6.3.1　识别虚假信息

任务描述

为了保证信息安全，需要知道信息的伦理知识和法律知识，才能识别虚假信息，正确安全地利用信息内容和运用信息技术。

任务目标

（1）掌握信息伦理知识。
（2）了解信息法律知识。

知识准备

每一次信息革命都标志着时代的进步和发展，改变了人类的生活方式，却也抑制了人类本身的发展，这就产生了关于信息伦理的探讨。

任务实施

（1）坚守信息伦理和信息法律的重要性。

①信息伦理。

信息伦理，是指在信息产生、信息交流、信息管理和运用等方面的伦理规范和约定，以及由此形成的独特的伦理关系。

现代人工智能的发展大大提高了人们生活和工作的质量和效率，但是不可否认的是，人工智能的发展方便了生活，也"培养"了人类的思维惰性。例如，因为有翻译软件，出国旅游时不用担心交流问题，却阻碍了人际沟通，长此以往人类的沟通能力必然下降；因为有导航软件，驾车出行时不用思考旅途的规划，人们识别路线的能力就会弱化。人工智能对人类智能的冲击应该引起足够的重视，但是最迫在眉睫的是网络信息伦理的规范问题。信息智能将人类文明推进到新的信息时代，却带来了信息伦理问题，如网络隐私权保护问题、信息权属人规范问题、信息资料获得权问题。随着信息科技融入社会的深入，信息的效用也随之增加。在信息资源的开发、交换或管理过程中，相关方都可能因为信息使用失当而面对信息伦理问题。在信息时代，必须未雨绸缪，重视信息伦理问题。信息伦理一般包括以下几个方面。

a. 信息隐私权。

信息隐私权是指个人在网络上的信息秘密依法受到保护的权利，他人不可以非法干扰和获取，不得恶意传播他人隐私，不得恶意诽谤他人等。网络科技的发展给社会各个方面带来深刻的变化，催生了新的生活方式，网购、网诊、网邮等蓬勃发展。然而，人们在拥抱网络便利的同时，时间、空间的不受限给信息隐私权保护带来严峻挑战，个人和单位的网络"痕迹"清晰呈现，隐私唾手可得。恶意侵犯别人隐私权变得容易且隐蔽，违法传播别人隐私给受害人带来很大的身心伤害。要保护信息隐私权，要从多方面入手：一是网络立法，让法律规范网络行为；二是行业自律，通过行业协会规范行业行为；三是技术保护，通过开发保护网络隐私软件，保护个人网络隐私。

b. 信息产权。

信息产权是信息产生人或信息权利人对个人信息在使用、交换、保存等管理活动中所享有的人身权和财产权。个人网络信息是信息产权的最重要的保护内容，任何网络使用人都在网络上拥有自己的个人信息，所以规律规定，保护个人网络信息是自然人的独特权利。如果非法获取信息产权人的敏感信息，并恶意泄漏、非法传播信息产权人的隐私，就构成对信息产权人的人格尊严和人格利益的侵犯。这就破坏了信息产权人对其个人信息的管理和支配，也剥夺了信息产权人的信息自由支配权。因此，通过立法，确定信息产权人的相关权益，有利于从根本上规范网络信息的权属问题，为构建信息伦理提供清晰的定位。

c. 信息的准确性。

信息的准确性是指网络信息的产生、发布、交易和传播必须建立在事实的基础上，确保网络信息的可靠和客观。现代网络的发展、网络工具的先进和自媒体的多样，注定了维护网络信息准确性的艰难。准确是互联网的价值和生命，因为互联网的立法、信息隐私权的保护、信息产权人的确定、网络公序良俗的建立等，都依赖网络信息的准确性和可靠性。21世纪的网络发展日新月异，已经超出人们的想象和预判，在每天产生的海量信息中甄别信息的真伪变得异常艰难。如果互联网失去信息的准确性，不光消耗社会资源，也失去了存在的价值。为了确保网络信息的准确性，必须从立法规范、行业引领和道德自律等方面综合施策，确保信息真实可靠。

②信息法律。

信息法律是指对网络信息活动中产生的问题进行规范的法律制度的总和。在网络时代，许多国家意识到网络信息的无序发展必将给经济发展和社会生活带来负面影响，都纷纷重视信息法律制度的建立。1971年，联合国发布《世界知识产权组织关于保护计算机软件的示范条例》，经济合作与发展组织于1985年发表《跨国数据流宣言》。我国于1994年出台了《计算机信息系统安全保护条例》，近几年来我国十分重视信息安全法规的制定，先后出台的关于网络信息安全的法律法规近60余种。

归纳世界各国信息法律的内容来看，信息法律一般包含以下几个要素。

a. 信息产权法律规范。

网络信息也是产权人智力活动的体现。但是，随着网络生活的常态化和信息科技的扩张，加之网络时间、空间的特殊性，信息作品容易被获取和非法传播，给信息产权人带来各种损失。所以，网络环境中信息的归属问题越来越突出。尤其是软件程序、数据链、多媒体等多种形式的信息作品，有别于传统作品，这给信息产权保护也带来一些新的问题。因此，必须把信息产权方面的立法作为首要着力点。

b. 信息传播法律规范。

网络信息传播是信息社会常态化行为，如何保证网络信息传播有序合规，体现了国家对信息社会的管理能力和管理智慧。近年来，我国对网络立法高度重视，主要体现在对信息传播主体的行为规范和权利义务规范等方面的界定。这些法律是信息传播主体的行为依据。如我国网络方面的立法主要包括《中华人民共和国计算机信息系统安全保护条例》《中华人民共和国计算机信息网络国际互联网管理暂行规定》《电子出版物管理规定》《中国公众多媒体通信管理办法》《计算机信息网络国际互联网安全保护管理办法》等。

c. 信息使用法律规范。

信息使用是信息产生效益的重要形式。信息使用是网络主体人依法对网络信息的收集、归纳、整理和使用等行为。信息使用立法就是规范私人在什么情况下有权利获取他人、政府机关和其他组织掌握的有关网络信息；同时规范政府机关或组织在什么情况下可以获取私人信息。只有立法规定信息使用的前提和条件，才能确保网络信息效用的发挥。

d. 信息安全与网络犯罪法律规范。

信息安全与网络犯罪是信息法律的热点领域。随着网络科技的发展和互联网的普及，网络犯罪问题凸显，犯罪手段多样化、隐蔽化，不能仅依赖技术手段预防网络犯罪，要采取法律手段保障信息网络的安全，预防和打击计算机犯罪。信息安全也是一个国家综合国力、经济竞争力的重要保障，从国家安全的高度构筑完整的国家网络信息安全体系，已成为近年来各个国家信息安全立法的重要抓手。

（2）小组讨论信息伦理和信息法律的相关内容。

任务总结

信息伦理和信息法律是相辅相成的，它们能维护国家和个人的信息安全，确保我国经济运行和社会生活规范化。

任务 6.3.2 坚守健康的生活情趣

任务描述

小王为了公司 B 的员工能有更好的发展，还要让他们知道个人素养也是极其重要的。

任务目标

了解什么是健康的生活情趣。

知识准备

习近平总书记在《之江新语》（图 6-19）里说道："一名领导干部的蜕化变质往往就是从生活作风不检点、生活情趣不健康开始的……"这是对广大党员干部的要求，那么作为普通群众，是否也可以提高生活情趣呢？

怎么理解生活情趣？生活情趣是一种精神上的追求，对生活充满了敬畏和喜爱，它可以排出心理毒素，也能缓解紧张的情绪，驱除疲惫感，让我们更加享受当下的美好，体验生命的力量和生活的质量。

任务实施

（1）了解什么是生活情趣。

①做好心理平衡。

心理平衡是一种良好的心理状态，即能够恰当地评价自己，

图 6-19 《之江新语》

应对日常生活的压力，有效率地工作和学习，对家庭和社会有所贡献，有乐观、开朗、豁达的生活态度，将目标定在自己能力所及的范围内，建立良好的人际关系，积极参加社会活动等。

②热爱生活。

（2）用表演或拍摄纪录片等方式表达你喜欢的生活情趣。

任务总结

生活情趣是一个人生活品质的象征，也体现了一个人的生活态度。

任务 6.3.3　培养良好的职业态度

任务描述

好的生活情趣能够让人更加从容地面对工作，良好的职业态度也是必不可少的。

任务目标

了解良好的职业态度的内容。

知识准备

职业态度易受主观方面因素如心境、健康状况，以及客观环境因素如工作条件、人际关系、管理措施等的直接影响而发生变化。肯定的、积极的职业态度，促进人们去钻研技术，掌握技能，提高职业活动的忍耐力和工作效率。

任务实施

（1）职业态度。

①激发内啡肽。

医学研究发现，人体大脑会自动分泌一种叫作内啡肽的物质，内啡肽帮助人们释放精神压力，抵御不良情绪，以一种良好的、积极的态度工作。研究表明，积极的心态能激发内啡肽，会产生快乐和幸福感，形成良性循环的体系。所以，没有良好精神状态的人会越来越消极，需要通过运动、音乐等刺激内啡肽的分泌，才能重新产生愉快感。

②危急时刻，负重前行。

在 2003 年和 2020 年，中国经历了两次危险时期，钟南山院士永远在危急时刻挺身而出，挽救了无数人的生命（图 6-20）。钟南山说："医院是战场，作为战士，我们不冲上去谁上去？"这是非常崇高的职业精神。

③隐姓埋名，无私奉献。

一位已经 95 岁高龄的老人仍然坚持每天工作至少半天，他就是 2020 年被国家授予共和国勋章的"中国核潜艇之父"黄旭华，

图 6-20　钟南山

如图 6-21 所示。黄旭华出生于战火纷飞的年代，深刻地认识到只有武器才能强国。1964 年，在黄旭华院士的带领下，我国研制出第一艘核潜艇，1974 年试航时，他坚持随核潜艇下潜，与参试人员在一起，保证人、艇的安全。由于核潜艇工作是机密任务，不能对任何人提起，要和一切人事隔绝，包括父母，黄旭华"蒸发"了 30 年，甚至没有见到父亲最后一面。

（2）用表演等方式表达你认可的一种职业态度。

图 6-21　黄旭华

任务总结

职业态度体现了一个人的职业道德。

任务 6.3.4　秉承端正的职业操守

任务描述

了解了职业态度后，还需要知道什么是职业操守。

任务目标

了解什么是端正的职业操守。

知识准备

职业操守集体败坏，成为一种行业现象，成为或明或暗的行业运作规则。人们只认其是从业者的道德问题，不认其是社会公共系统的治理混乱，这是道德驱逐理性的表现。

任务实施

（1）什么是职业操守。

①爱岗敬业。

热爱自己的工作岗位，用一种恭敬严谨的态度对待自己的工作。职业是一个人赖以生存和发展的基础。同时，工作岗位的存在也是人类社会存在和发展的需要。所以，爱岗敬业不仅是个人生存和发展的需要，也是社会存在和发展的需要。

②诚实守信。

它要求人们以求真务实的原则指导自己的行动，以知行合一的态度对待各项工作。在现代社会，诚信不仅指公民和法人之间的商业诚信，而且也包括建立在社会公正基础上的社会公共诚信，如制度诚信、国家诚信、政府诚信、企业诚信和组织诚信等。

③办事公正。

它需要我们在处理问题时站在公平公正的立场上，无论对谁都能做到一视同仁，做好自己的本职工作。例如，公务员作为国家的公职人员，受人民监督，为了更好地为人民服务，国家采取了公务员工资透明化的措施。

（2）用表演的方式呈现是什么端正的职业操守。

任务总结

端正的职业操守很重要，个人的职业操守代表的是所在企业对待工作的态度，只有具备爱岗敬业、诚实守信和办事公正的职业操守，才能追求更高的工作品质。

任务 6.3.5 维护核心的商业利益

任务描述

端正职业操守后，还应该维护企业核心的商业利益。

任务目标

了解作为员工应该怎样维护企业核心的商业利益。

知识准备

企业效益和商业利益是保障企业持续运营的关键，职员作为企业的一分子，应负起应尽的义务，使企业稳定地发展。

任务实施

（1）从自身做起，维护集体利益。

①约束自身言行。

即使身为普通的职员，也要约束自己的言行。职员的品行不端会导致整个企业受到非议，企业形象会在很长一段时间内被固化，出现了严重的问题。一个人可以影响整个企业，一个企业甚至能影响一个国家。

②为了大我舍小我。

在集体利益和个人利益发生冲突时，在必要的时候，必须放弃个人利益，维护集体利益，因为集体强大了，个人发展才会越来越好。

（2）用表演的方式呈现维护商业利益的行为和危害商业利益的行为。

任务总结

员工应约束自身的言行，应能够在关键时刻顾全大局，保全企业核心的商业利益。

任务 6.3.6 规避行业的不良记录

任务描述

本任务主要介绍如何规避行业的不良记录。

任务目标

了解怎样规避行业的不良记录。

项目 6.3 个人素养与行业行为自律

知识准备

作为公民要遵守社会规范和社会制度，作为企业员工，为了更好地掌握职场生存法则，有必要了解行业的不良行为有哪些，在工作中一定要避免这些不良行为。

任务实施

（1）行业的不良记录。

①含义。

不良记录就是把不良行为记录下来，一般是由政府部门颁发的规章制度中所提到的不良行为，它们违反了法律的有关条例，以致对市场发展造成不良的影响。这些记录通常存放在行政部门。

②内容。

a. 对于个人：征信记录。

从借贷、合约的履行和遵纪守法等多种途径评估信用度，如果信用良好，能快速地办理业务，如贷款。信用不良者除了无法享受贷款、信用卡等服务，甚至会影响职业生涯。查询个人征信报告的方法如图 6-22 所示。

> ①征信中心网站查询
> 登录 "https://ipcrs.pbccrc.org.cn/"，单击进入首页"核心业务"项目下的"互联网个人信用信息服务平台"，进入查询页面，单击"马上开始"按钮，注册并登录，进行在线身份验证，填写并提交查询申请后可获得信用报告（次日可得）。
> ②当地中国人民银行分支机构查询
> 携带有效身份证件原件及复印件，到所在地中国人民银行分支机构查询。

图 6-22　查询个人征信报告的方法

b. 对于集体：企业的信用报告。

如今很多企业都在寻求合作机会，以实现共赢的目标，但若不探清对方企业的信用记录，就会因小失大。查询企业的信用报告的方法如图 6-23 所示。

> 1. 登录网址 "https://ipcrs.pbccrc.org.cn/"。
> 2. 选择"信用服务"下的申请信用信息选项。
> 3. 选择需要获取的信用报告的类型，一般情况下可选择3个，然后获取短信验证码。
> 4. 提交结果后，系统会提示24小时后可以查看结果。

图 6-23　查询企业的信用报告的方法

③如何规避行业的不良记录。

a. 对于个人。

提前转账到还贷的银行卡上，预留的资金一定要大于还款数。

及时还款还贷，设定还款日期，避免逾期。

在日常生活中合理消费，切忌过度消费。

b. 对于集体。

企业需要举行关于信用的讲座或培训。

企业可以购买信用保险等加以防范和处理。

完善企业的信用管理体制。

怎样查询个人征信报告

（2）举办一场关于个人或企业的信用的辩论赛。
（3）点评辩论结果。

任务总结

个人的征信记录和企业的信用报告都是在各领域办业务和处理事情的通行证，对于个人和企业都非常重要。

项目评价

项目 6.3 评价（标准）表见表 6-5。

表 6-5 项目 6.3 评价（标准）表

项目		学习内容	评价（是否掌握）	评价依据
任务 6.3.1	识别虚假信息	信息伦理和信息法律		课上观察
任务 6.3.2	坚守健康的生活情趣	健康的生活情趣		课上观察
任务 6.3.3	培养良好的职业态度	良好的职业态度		课上观察
任务 6.3.4	秉承端正的职业操守	端正的职业操守		课上观察
任务 6.3.5	维护核心的商业利益	核心的商业利益		课上观察
任务 6.3.6	规避行业的不良记录	规避行业不良行为		课上观察
	表达效果	表达有条理，突出主体内容		课上观察
	呈现效果	积极参与小组工作，有明确任务，最终按要求完成设计		课上观察

项目小结

通过表演、拍摄纪录片或举行辩论赛等方式，了解个人素养和行业自律的相关知识，避免活动的单一性，更加形象地理解什么是健康的生活情趣、良好的职业态度、端正的职业操守，以及如何去维护核心的商业利益，更好地规避行业的不良记录。

练习与思考

1. 举例说明何谓生活情趣。
2. 阐述什么是良好的职业态度。
3. 阐述什么是端正的职业操守。
4. 举例说明什么是不良的个人行为和行业行为。